AF561312

UNIVERSITÉ DE FRANCE

TRAVAUX & MÉMOIRES

DES

FACULTÉS DE LILLE

TOME III. — MÉMOIRE N° 11.

P. DUHEM. — DISSOLUTIONS & MÉLANGES

Premier Mémoire : ÉQUILIBRE ET MOUVEMENT DES FLUIDES MÉLANGÉS

LILLE

AU SIÈGE DES FACULTÉS, PLACE PHILIPPE-LEBON

1893

8° Z 12168

Le Conseil Général des Facultés de Lille a ordonné l'impression de ce mémoire, le 18 Janvier 1893.

L'impression a été achevée, chez Gauthier-Villars & Fils, *le 30 Juillet 1893.*

DISSOLUTIONS ET MÉLANGES

PREMIER MÉMOIRE :

ÉQUILIBRE & MOUVEMENT DES FLUIDES MÉLANGÉS

PAR

P. DUHEM

Chargé d'un Cours complémentaire de Physique mathématique
et de Cristallographie à la Faculté des Sciences de Lille.

TRAVAUX ET MEMOIRES DES FACULTÉS DE LILLE

TOME III. — MÉMOIRE II.

LILLE

AU SIÈGE DES FACULTÉS, PLACE PHILIPPE-LEBON

—

1893

DISSOLUTIONS ET MÉLANGES.

PREMIER MÉMOIRE.

L'ÉQUILIBRE ET LE MOUVEMENT DES FLUIDES MÉLANGÉS,

Par M. P. DUHEM,

Chargé d'un Cours complémentaire de Physique mathématique et de Cristallographie à la Faculté des Sciences de Lille.

INTRODUCTION HISTORIQUE.

Dans une suite de travaux, publiés depuis quelques années, nous avons entrepris de passer en revue les principes de la Thermodynamique et les applications de cette science aux diverses branches de la Physique, pour mettre clairement en lumière l'enchaînement des découvertes accumulées depuis vingt ans.

Nous voici parvenu, dans l'accomplissement de cette tâche, à l'exposé d'une théorie, récente encore, et qui cependant a déjà fait l'objet d'innombrables publications, la théorie des dissolutions et des mélanges.

Avant d'aborder l'étude des changements d'état où interviennent des mélanges fluides (dissolution des solides et des gaz, congélation des dissolvants, vaporisation des dissolutions et des mélanges), il importe d'être exactement renseigné sur les lois mécaniques qui règlent l'équilibre et le mouvement d'un mélange fluide; de même qu'avant d'aborder l'étude de la vaporisation, il est indispensable d'avoir étudié l'Hydrostatique, qui traite de l'équilibre d'un fluide unique. C'est à cette étude mécanique de l'équilibre et du mouvement des fluides qu'est consacré le présent travail.

L'ordre que nous suivons dans notre exposition, ordre imposé par la logique, n'est pas conforme à la marche historique des découvertes; lorsque Kirchhoff, en 1858, aborda, le premier, l'étude thermodynamique des dissolutions, c'est au phénomène de la vaporisation d'un corps volatil mêlé à un composé non volatil qu'il s'adressa tout d'abord; c'est par des cycles d'opérations imposées à la vapeur qu'il parvint à établir une formule fondamentale sur la chaleur de dissolution.

Mais, bien que le phénomène de la vaporisation des dissolvants ait été le point de départ de l'étude théorique des dissolutions, il y a tout intérêt aujourd'hui à reléguer la théorie de ce phénomène au rang secondaire qu'elle doit logiquement occuper; cette théorie même y gagne, car on comprend mieux alors pourquoi elle joue un rôle si important dans l'examen des propriétés des dissolutions; elle apparaît comme le moyen expérimental de déterminer d'une manière approchée les fonctions qui jouent, dans cet examen, le rôle essentiel.

L'étude directe des dissolutions n'est devenue possible que par l'introduction dans la Thermodynamique de méthodes nouvelles, plus analytiques, plus générales que celles dont Kirchhoff avait fait usage; ces méthodes, on le sait, sont dues à M. J. Willard Gibbs; c'est dans son immortel Ouvrage *Sur l'équilibre des substances hétérogènes* (1) que les principes fondamentaux de la théorie des mélanges fluides sont posés pour la première fois.

Mais il est un point qu'il est essentiel de ne pas perdre de vue si l'on veut débrouiller le fil historique qui unit entre elles les innombrables recherches dont la théorie des dissolutions a fait l'objet; c'est que, pendant très longtemps, l'œuvre de M. J. Willard Gibbs est restée à peu près inconnue, en sorte que des lois fondamentales qui y étaient démontrées ont dû être inventées de nouveau.

Cette ignorance dont, pendant longtemps, a été entouré l'Ouvrage de l'illustre professeur de New-Hawen, tient à deux causes.

En premier lieu, publié dans une Revue à peu près introuvable dans nos bibliothèques européennes, il n'arrivait à la connais-

(1) *On the equilibrium of heterogeneous substances* (*Transactions of the Academy of Arts and Sciences of Connecticut*, vol. III; 1873-1876).

sance de ceux qu'il intéressait que par les comptes rendus extrêmement écourtés des recueils bibliographiques, ou par les extraits que renfermaient quelques Ouvrages ; nous-même, qui avons cherché à répandre en France les principes et les méthodes de M. Gibbs, nous avons dû, pendant plusieurs années, nous contenter de cette connaissance incomplète et détournée de son œuvre; aussi, bien souvent, en croyant la continuer et la compléter, nous n'avons fait que la recopier à notre insu.

M. W. Ostwald, dont l'infatigable activité rend de si grands services à la Chimie générale, a mis désormais les chercheurs à même de lire et d'étudier l'œuvre de M. J. Willard Gibbs; la traduction (1) qu'il en a donnée sera bientôt dans toutes les bibliothèques.

Mais ce n'est pas seulement la rareté du Livre qui les contenait qui a longtemps caché les lois découvertes par M. Gibbs : la concision, la *condensation* extrême de l'exposition adoptée par l'illustre professeur ont souvent fait méconnaître sa pensée; souvent, dans son Mémoire, un théorème de première importance n'est représenté que par une courte formule; le théorème n'est même pas énoncé; souvent, aussi, une loi qui a pour la Physique ou la Chimie une grande portée y garde une forme purement algébrique; son application concrète n'est pas indiquée. On comprend donc que bien des résultats aient pu passer inaperçus du lecteur pressé, et aussi de celui dont l'attention s'éveille plus aisément aux résultats concrets qu'aux considérations abstraites. C'est ce qui explique pourquoi, dans l'historique que l'on va lire, nous mentionnerons bien des écrits postérieurs à celui de M. Gibbs, écrits qui auraient pu être abrégés ou supprimés, si les doctrines de l'illustre professeur de New-Hawen avaient été mieux connues.

I.

La première question que l'on ait à traiter, lorsque l'on veut étudier dans un ordre logique les propriétés des dissolutions et des mélanges, c'est le problème de l'équilibre d'un nombre quel-

(1) J.-Willard Gibbs, *Thermodynamische Studien*, traduit par W. Ostwald. Leipzig, 1892.

conque de fluides mélangés soumis à des forces quelconques. Cette belle généralisation du problème fondamental de l'Hydrostatique échappe aux prises de la Mécanique classique, et rien, peut-être, ne marque mieux la puissance nouvelle communiquée aux anciennes méthodes de la Statique par les principes de la Thermodynamique que la facilité avec laquelle cette question peut être aujourd'hui résolue.

C'est M. Gibbs (¹) qui l'a, le premier, abordée; il a borné son analyse au cas où les forces extérieures agissantes se réduisent à la pesanteur; mais cette restriction diminue à peine la généralité des deux méthodes qu'il a employées; il a donné les conditions qui doivent, pour assurer l'équilibre d'un mélange de plusieurs fluides, être jointes aux conditions qu'indique l'Hydrostatique classique.

Si cette partie du Mémoire de M. Gibbs n'avait pas passé inaperçue, MM. Gouy et Chaperon (²) auraient pu déduire immédiatement des formules de l'illustre professeur de New-Hawen la relation que, par une ingénieuse application du principe de Carnot à un cycle fermé, ils ont établie entre la loi de vaporisation d'une dissolution et la variation que la pesanteur fait éprouver à la concentration; toutefois, de cette relation, MM. Gouy et Chaperon ont fait sortir une remarque importante sur laquelle nous reviendrons plus loin.

Nous aurions pu également déduire des équations données par M. Gibbs la loi qui détermine l'action de la pesanteur sur un mélange de deux substances, loi que nous avons retrouvée par un raisonnement direct (³); cependant, ce raisonnement direct a l'avantage de reposer sur des considérations tout élémentaires, tandis que les deux méthodes indiquées par M. J. Willard Gibbs exigent l'emploi du calcul des variations.

(¹) J.-W. Gibbs, *On the equilibrium, etc.*, p. 203-210; *Thermodynamische Studien*, p. 171-178.

(²) Gouy et Chaperon, *L'équilibre osmotique et la concentration des dissolutions par la pesanteur* (*Comptes rendus*, t. CV, p. 117; 1887); *Sur la concentration des dissolutions par la pesanteur* (*Annales de Chimie et de Physique*, 6ᵉ série, t. XII, p. 384; 1887).

(³) P. Duhem, *Sur l'influence de la pesanteur sur les dissolutions salines* (*Journal de Physique*, 2ᵉ série, t. VII, p. 391; 1888).

Dans un Mémoire ultérieur (1), nous avons examiné les conditions d'équilibre de la dissolution d'un sel magnétique soumise à l'action de forces extérieures et d'aimants; bien que cette recherche se relie à celles que nous exposons ici, elle est en dehors du domaine auquel se limite le présent Mémoire.

Au Chapitre II du travail que l'on va lire, par une analyse différente de celle de M. Gibbs, et qui, pensons-nous, est plus rigoureuse et plus complète, nous avons traité dans son entière généralité le problème de l'Hydrostatique pour un nombre quelconque de fluides mélangés.

II.

L'établissement des conditions d'équilibre d'un mélange de fluides est un problème qui en appelle logiquement un autre : l'examen des conditions de stabilité de cet équilibre; dans ce domaine, si nous exceptons quelques indications succinctes et parfois inexactes (2) dues à M. Gibbs (3), nous ne connaissons aucune recherche que celles dont nous allons faire mention.

Nous avons traité, en premier lieu (4), la stabilité de l'équilibre d'un fluide incompressible, en supposant que les forces agissant sur ses divers éléments admettaient une fonction potentielle, et en admettant, en outre, que sa surface déformable n'était soumise à aucune pression.

Plus tard (5), nous avons adjoint à ce problème l'étude de la stabilité de l'équilibre d'un fluide compressible dont les divers éléments de masse ne sont soumis à aucune force.

Ces diverses recherches ne sont que des ébauches du Chapitre IV du présent Mémoire, où nous avons traité dans toute sa généralité la stabilité de l'équilibre d'un nombre quelconque de

(1) P. DUHEM, *Sur les dissolutions d'un sel magnétique* (*Annales de l'École Normale*, 3e série, t. VII, p. 289; 1890).

(2) *Voir* plus loin, Chap. V, § V.

(3) J.-W. GIBBS, *On the equilibrium, etc.*, p. 156-172; *Thermodynamische Studien*, p. 119-137.

(4) P. DUHEM, *Sur les principes fondamentaux de l'Hydrostatique* (*Annales de la Faculté des Sciences de Toulouse*, t. IV, p. C.18).

(5) P. DUHEM, *Hydrodynamique, Élasticité, Acoustique*, t. II, Livre II, Chap. II. Paris, 1891.

fluides mélangés, en supposant seulement les divers éléments de masse du mélange soumis à des forces dérivant d'une fonction potentielle unique et la surface déformable du fluide soumise à une pression uniforme et constante.

III.

Si l'on admet qu'un mélange dont les diverses masses élémentaires ne sont soumises à aucune force est en équilibre *stable* lorsqu'il est homogène, on est conduit à une inégalité qui a, pour la théorie des dissolutions, d'importantes conséquences; contentons-nous d'énoncer ici des inégalités que l'on déduit de celles-là lorsqu'on l'applique à un mélange de deux substances.

Sous la pression constante Π, à la température T, le mélange homogène que forment des masses M_1, M_2 de deux fluides 1, 2 admet un potentiel thermodynamique total $\mathfrak{F}(M_1, M_2, \Pi, T)$. Ce potentiel est une fonction homogène et du premier degré des masses M_1, M_2; il en résulte que, si l'on pose $s = \frac{M_2}{M_1}$, on pourra écrire

$$\frac{\partial}{\partial M_1}\mathfrak{F}(M_1, M_2, \Pi, T) = F_1(s, \Pi, T),$$

$$\frac{\partial}{\partial M_2}\mathfrak{F}(M_1, M_2, \Pi, T) = F_2(s, \Pi, T).$$

Les inégalités dont nous voulons parler sont les suivantes :

$$(1)\qquad \begin{cases} \dfrac{\partial F_1(s, \Pi, T)}{\partial s} < 0, \\[2ex] \dfrac{\partial F_2(s, \Pi, T)}{\partial s} > 0. \end{cases}$$

Ces inégalités, nous l'avons dit, sont, pour la théorie des dissolutions, fécondes en conséquences; on en déduit la stabilité de l'équilibre d'un sel solide en présence de sa dissolution saturée; le sens dans lequel se déplace cet équilibre lorsqu'on fait varier la pression ou la température; l'abaissement du point de congélation d'un liquide employé comme dissolvant; l'abaissement de la tension de vapeur d'un liquide volatil qui dissout un corps non volatil, etc.

Nous avons, pour la première fois, donné ces inégalités fondamentales en 1886 [1]; nous les avons démontrées, à cette époque, par un raisonnement très simple, mais dont la rigueur laissait peut-être à désirer; nous pensons que la généralité et la rigueur des considérations par lesquelles nous les avons établies au Chapitre V du présent Mémoire ne prêteront plus à aucune critique.

IV.

Nous avons dit que MM. Gouy et Chaperon avaient relié les variations de densité que la pesanteur fait éprouver à une dissolution et la loi de la vaporisation du dissolvant; de cette relation, qu'on aurait pu déduire des formules données par M. Gibbs et du fait que la tension de vapeur du dissolvant diminue lorsqu'on augmente la concentration de la dissolution, ils ont conclu [2] une intéressante conséquence : si la densité de la dissolution augmente en même temps que la concentration, la concentration croît dans le même sens que la pression au sein de la dissolution; l'inverse a lieu si la densité de la dissolution diminue tandis que la concentration augmente.

Cette conclusion n'avait été établie par MM. Gouy et Chaperon qu'en supposant négligeable la compressibilité de la dissolution; d'ailleurs, pour l'obtenir, ils avaient dû recourir à une loi intermédiaire, l'abaissement de la tension de vapeur d'une dissolution dont on augmente la concentration. Il semblait plus naturel de se passer de cet intermédiaire et de demander la démonstration de la proposition en question aux inégalités (2), dont l'abaissement de la tension de vapeur est une conséquence. C'est ce que nous avons fait [3], et nous avons pu débarrasser la proposition de

---

(1) P. Duhem, *Le potentiel thermodynamique et ses applications*, p. 34. Paris, 1886.

(2) Gouy et Chaperon, *L'équilibre osmotique et la concentration des dissolutions par la pesanteur* (*Comptes rendus*, t. CV, p. 117; 1887); *Sur la concentration des dissolutions par la pesanteur* (*Annales de Chimie et de Physique*, 6e série, t. XII, p. 384; 1887).

(3) P. Duhem, *De l'influence de la pesanteur sur les dissolutions* (*Journal de Physique*, 2e série, t. VII, p. 391; 1888).

MM. Gouy et Chaperon de toute restriction relative à la compressibilité de la dissolution.

Dans le présent Mémoire, on trouvera la démonstration de la proposition de MM. Gouy et Chaperon pour un mélange d'un nombre quelconque de substances.

V.

Les phénomènes d'osmose sont connus depuis longtemps; tout le monde connaît la célèbre expérience de Dutrochet.

On sait que Graham a divisé en deux catégories les corps solubles dans l'eau : les uns, les corps *cristalloïdes,* passent au travers des membranes animales et végétales; aux autres, aux corps *colloïdes,* les membranes animales et végétales opposent un obstacle infranchissable.

Cette distinction en corps colloïdes et corps cristalloïdes n'a rien d'absolu; elle est relative à la nature de la cloison au travers de laquelle se produit l'échange osmotique; on peut se procurer des membranes perméables à l'eau et imperméables aux corps cristalloïdes. Telles sont les membranes précipitées que M. Traube et M. Pfeffer ont obtenues par le contact ménagé de deux dissolutions métalliques. Si, par exemple, un vase poreux, semblable à ceux dont on fait usage pour la construction des piles à deux liquides, est plongé dans une solution de ferrocyanure potassique et rempli d'une solution de sulfate cuivrique, les deux solutions, se rencontrant dans les interstices de la paroi, y forment un dépôt de ferrocyanure de cuivre. Le vase ainsi préparé reste perméable pour l'eau, tandis qu'il est imperméable pour les substances dissoutes. On peut même se procurer, par des procédés de ce genre, des membranes perméables à certains sels dissous et imperméables à d'autres.

Une membrane *semi-perméable,* c'est-à-dire perméable au dissolvant et imperméable à la substance dissoute, sépare deux capacités : l'une renferme le dissolvant pur, l'autre une dissolution; à quelle condition y aura-t-il équilibre? à quelle condition le dissolvant cessera-t-il de traverser soit dans un sens, soit dans l'autre, la cloison semi-perméable?

Ce problème, généralisé, étendu à des mélanges d'un nombre

quelconque de corps, a été traité par M. Gibbs (1), du moins dans le cas où les divers éléments de volume des corps mélangés ne sont soumis à aucune force. M. Gibbs a obtenu d'une manière très simple les conditions de l'équilibre osmotique.

Mais, selon sa coutume, M. Gibbs a laissé à ces conditions leur forme analytique la plus générale, négligeant de les éclairer par des applications physiques; aussi sont-elles demeurées à ce point inaperçues des physiciens et des chimistes que, parmi les nombreux écrits consacrés, dans ces dernières années, aux phénomènes d'osmose, celui-ci est peut-être le premier à citer les résultats obtenus par l'illustre professeur de New-Hawen.

Pour mettre en lumière l'importance des phénomènes d'osmose dans l'étude des dissolutions, il fallut l'apparition d'un Mémoire (2) publié, en 1885, par M. J.-H. Van t'Hoff, à l'insu des recherches de M. Gibbs. Dans ce travail capital, par des raisonnements appuyés sur le cycle de Carnot, M. J.-H. Van t'Hoff montrait que la *pression osmotique* pouvait être reliée à la plupart des propriétés physiques d'une dissolution : abaissement de la tension de vapeur, abaissement du point de congélation, etc. Plus tard, M. J.-H. Van t'Hoff (3) devait introduire la pression osmotique dans l'énoncé de sa *loi de Mariotte et de Gay-Lussac étendue aux dissolutions*.

MM. Gouy et Chaperon (4) ont complété en quelques points la relation, indiquée par M. Van t'Hoff, entre la pression osmotique et la tension de vapeur de la dissolution. Vers la même époque,

---

(1) J.-W. Gibbs, *On the equilibrium, etc.*, p. 138-140; *Thermodynamische Studien*, p. 99-102.

(2) J.-H. Van t'Hoff, *L'équilibre chimique dans les systemes dissous ou gazeux à l'état dilué* (*Archives néerlandaises des Sciences exactes et naturelles*, t. XX, p. 239; 1885)

(3) J.-H. Van t'Hoff, *Lois de l'équilibre chimique dans l'état gazeux ou dissous*, Mémoire présenté à l'Académie des Sciences de Stockholm le 14 octobre 1885 (*Köngl. Svenska Vetenskaps-Akademiens Handlingar*. Bandet XXI, n° 17, 1886); *Die Rolle des osmotischen Druckes in der Analogie zwischen Lösungen und Gasen* (*Zeitschrift für physikalische Chemie*, t. I, p. 9; 1887).

(4) Gouy et Chaperon, *L'équilibre osmotique et la concentration des dissolutions par la pesanteur* (*Comptes rendus*, t. CV, p. 117, 11 juillet 1887); *Sur l'équilibre osmotique* (*Annales de Chimie et de Physique*, 6e série, t. XIII, p. 190; 1888).

sur l'indication même de M. J.-H. Van t'Hoff, nous avons fait usage ([1]) des méthodes de M. Gibbs pour établir en toute rigueur les diverses relations indiquées par M. Van t'Hoff.

Dans le présent Mémoire, on ne trouvera pas l'étude de ces relations, qui dépendent de la théorie des changements d'état des dissolvants; mais on y trouvera le problème de l'équilibre osmotique traité sous la forme la plus générale, non seulement pour le cas où les divers éléments de masse du fluide ne sont soumis à aucune force, mais encore pour le cas où ces masses sont soumises à des forces quelconques.

Cette généralisation permet d'aborder la théorie de la célèbre expérience de Dutrochet, c'est-à-dire la théorie de l'équilibre osmotique dans le cas où les fluides sont soumis à l'action de la pesanteur.

Nous avions, dans un premier Mémoire ([2]), tenté cette théorie, sans tenir compte des variations de concentration que la pesanteur fait naître aux divers points d'une dissolution; nous avions trouvé que la hauteur à laquelle la dissolution s'élève dans l'osmomètre dépendait non seulement de la concentration de la dissolution, mais encore de la forme de l'osmomètre et de la profondeur à laquelle il était immergé.

Cette proposition semblait inadmissible. L'impossibilité du mouvement perpétuel exige, en effet, qu'entre l'eau que contient la cuve et la dissolution qui occupe le niveau supérieur dans l'osmomètre existe une différence de tensions de vapeur mesurée par une colonne de vapeur aussi haute que la colonne liquide soulevée dans l'osmomètre; la hauteur de cette dernière colonne doit donc dépendre seulement de la concentration de la dissolution au sommet de l'osmomètre.

Cette remarque de MM. Gouy et Chaperon ([3]) nous a amené à

([1]) P. Duhem, *Sur la pression osmotique* (*Journal de Physique*, 2e série, t. VI, p. 397; septembre 1887).

([2]) P. Duhem, *Sur la hauteur osmotique* (*Journal de Physique*, 2e série, t. VI, p. 134; 1887).

([3]) Gouy et Chaperon, *L'équilibre osmotique et la concentration des dissolutions par la pesanteur* (*Comptes rendus*, t. CV, p. 117; 1887); *Sur l'équilibre osmotique* (*Annales de Chimie et de Physique*, 6e série, t. XIII, p. 120; 1888).

reprendre [1] la théorie de l'expérience de Dutrochet en tenant compte des variations de la concentration par l'effet de la pesanteur. Cette nouvelle étude nous a montré que la concentration de la couche la plus élevée contenue dans l'osmomètre avait bien avec la hauteur osmotique la relation indiquée par MM. Gouy et Chaperon; mais il n'en est plus de même de la concentration *moyenne* de la dissolution contenue dans l'osmomètre; si l'on suppose les variations que la concentration subit par l'effet de la pesanteur non pas nulles, mais seulement très petites, on trouve que cette concentration moyenne satisfait précisément à la relation que nous avions trouvée en supposant la dissolution homogène.

Telle est, retracée brièvement, la suite des efforts qui ont préparé la théorie de l'équilibre et du mouvement des fluides mélangés; nous avons naturellement laissé de côté les travaux de seconde main, et aussi ceux qui ne sont pas des applications de la Mécanique rationnelle et de la Thermodynamique; c'est ainsi que nous n'avons pas mentionné les théories de la diffusion fondées sur des hypothèses spéciales; ce que nous avons dit ici du mouvement des fluides mélangés constitue, croyons-nous, une théorie nouvelle.

CHAPITRE I.

DU POTENTIEL THERMODYNAMIQUE INTERNE D'UN MÉLANGE FLUIDE.

§ I. — Des variables qui définissent un élément fluide.

Considérons un mélange de n corps distincts, que nous désignerons par les indices 1, 2, ..., n. Autour du point M, décrivons un élément de volume dv, dont la masse totale est dm. Cet élément renferme une masse dm_1 du corps 1, une masse dm_2 du corps 2, ..., une masse dm_n du corps n et l'on a

$$dm = dm_1 + dm_2 + \ldots + dm_n. \tag{1}$$

[1] P. Duhem, *De l'influence de la pesanteur sur les dissolutions salines* (*Journal de Physique*, 2e série, t. VII, p. 391; 1888).

Posons

$$(2) \qquad \mu_1 = \frac{dm_1}{dm}, \qquad \mu_2 = \frac{dm_2}{dm}, \qquad \ldots, \qquad \mu_n = \frac{dm_n}{dm}.$$

Les grandeurs $\mu_1, \mu_2, \ldots, \mu_n$ définissent *la composition du système au point* M.

Les valeurs que prennent les quantités $\mu_1, \mu_2, \ldots, \mu_n$ au point M ne sont pas entièrement indépendantes; les égalités (1) et (2) donnent, en effet, la relation

$$(3) \qquad \mu_1 + \mu_2 + \ldots + \mu_n = 1,$$

au moyen de laquelle on peut calculer une quelconque des quantités $\mu_1, \mu_2, \ldots, \mu_n$, lorsqu'on connaît les $(n-1)$ autres.

La condition (3), qui doit être vérifiée en chaque point du mélange, n'est pas la seule condition à laquelle les quantités μ_1, $\mu_2, \ldots, \mu_n$ soient assujetties. *Si les corps* 1, 2, ..., n *ne sont pas susceptibles de se transformer les uns dans les autres* par des modifications physiques ou par des réactions chimiques, la masse totale de chacun de ces corps existant dans le mélange devra être constante.

Désignons par $M_1, M_2, \ldots, M_n$ ces masses constantes des corps 1, 2, ..., n; nous aurons

$$(4) \qquad \begin{cases} M_1 = \int \mu_1 \, dm, \\ M_2 = \int \mu_2 \, dm, \\ \ldots\ldots\ldots\ldots, \\ M_n = \int \mu_n \, dm, \end{cases}$$

et, par conséquent, dans toutes les modifications que le système pourra éprouver, nous devrons avoir

$$(5) \qquad \delta \int \mu_1 \, dm = 0, \qquad \delta \int \mu_2 \, dm = 0, \qquad \ldots, \qquad \delta \int \mu_n \, dm = 0.$$

Ces conditions seraient modifiées si quelques-uns des corps 1, 2, ..., n pouvaient se transformer les uns dans les autres.

Nous admettrons que *les propriétés d'un mélange de fluides sont définies si l'on connaît, en chaque point, les variables* NORMALES *suivantes :*

1° *La température absolue* T;

2° *La densité* ρ;

3° *Les grandeurs* $\mu_1, \mu_2, \ldots, \mu_n$; ces dernières variables ne sont pas entièrement indépendantes : elles sont liées par les conditions (3) et (5).

§ II. — Le potentiel thermodynamique interne d'un mélange de fluides.

L'existence d'un potentiel thermodynamique interne d'un système formé de parties indépendantes, dont chacune a une température uniforme, est démontrée ([1]), et cela même dans le cas où chacune des parties serait un mélange. L'existence de ce potentiel est encore démontrée ([2]) dans le cas où les diverses parties, au lieu d'être indépendantes, sont en contact; mais, dans ce cas, il faut supposer qu'aucune des masses qui composent une de ces parties ne peut la quitter pour se mélanger à une autre partie. Supposer qu'*il existe un potentiel thermodynamique interne pour un système dont les diverses parties, au contact, sont portées à des températures différentes, alors qu'entre ces parties peuvent s'effectuer des échanges de matière,* c'est faire une HYPOTHÈSE; cette hypothèse, nous la ferons et *nous l'étendrons même au cas où la température du système varie d'une manière continue.*

Cette hypothèse admise, et l'existence du potentiel thermodynamique interne $\mathcal{F}$ d'un mélange étant assurée dans le cas le plus général, proposons-nous de rechercher la forme de cette fonction.

Voici la remarque sur laquelle nous fonderons cette recherche.

Imaginons qu'en chaque point on ait

$$\mu_1 = \text{const.}, \qquad \mu_2 = \text{const.}, \qquad \ldots, \qquad \mu_n = \text{const.} \tag{6}$$

Il est facile de voir que l'on peut alors appliquer au système

---

([1]) P. DUHEM, *Commentaire aux principes de la Thermodynamique*, 4e série, t. IX, 3e Partie, Chap. II (*Journal de Mathématiques pures et appliquées*, fasc. 3; 1893).

([2]) *Ibid.*, Chap. III.

les considérations que nous avons développées ailleurs ([1]) et qui permettent d'écrire le potentiel thermodynamique interne sous la forme

$$\mathfrak{F}' = \int G\, dV + \frac{E}{2} \int\int F\, dV\, dV'. \tag{7}$$

G dépend de la nature de l'élément dV et des variables qui fixent l'état de la matière en un point de cet élément. Or la nature de l'élément dV est connue si l'on connaît la nature des corps 1, 2, ..., n et les quantités $\mu_1, \mu_2, \ldots, \mu_n$; cette nature connue, les propriétés de la matière en un point de l'élément dV ne dépendent plus que des deux variables ρ et T; on a donc

$$G = G(\mu_1, \mu_2, \ldots, \mu_n, \rho, T).$$

On a de même

$$F = F(\mu_1, \mu_2, \ldots, \mu_n, \rho, \mu'_1, \mu'_2, \ldots, \mu'_n, \rho', r),$$

r étant la distance d'un point de l'élément dV à un point de l'élément dV'.

Nous aurons donc

$$\delta\mathfrak{F}' - \delta\mathfrak{F} = 0$$

toutes les fois que les égalités (6) seront vérifiées, c'est-à-dire toutes les fois que nous aurons, en tout point du système,

$$\delta\mu_1 = 0, \qquad \delta\mu_2 = 0, \qquad \delta\mu_n = 0.$$

Les principes du calcul des variations nous enseignent que, pour qu'il en soit ainsi, il faut et il suffit qu'il existe n quantités $\varphi_1, \varphi_2, \ldots, \varphi_n$, variables d'une manière continue d'un point *matériel* du système à l'autre, telles que l'on ait *identiquement*

$$\delta\mathfrak{F}' - \delta\mathfrak{F} + \int (\varphi_1\, \delta\mu_1 + \varphi_2\, \delta\mu_2 + \ldots + \varphi_n\, \delta\mu_n)\, dm = 0; \tag{8}$$

en disant « identiquement », nous entendons dire « quelles que soient les quantités $\delta\mu_1, \delta\mu_2, \ldots, \delta\mu_n$ », sans même supposer

([1]) P. DUHEM, *Le potentiel thermodynamique et la pression hydrostatique*, Chap. I et II (*Annales de l'École Normale*, 3e série, t. X; 1893).

entre ces quantités l'égalité

$$\delta\mu_1 + \delta\mu_2 + \ldots + \delta\mu_n = 0,$$

qui résulterait de la relation (3).

Mais l'égalité (8) nous montre que

$$\int (\varphi_1\, \delta\mu_1 + \varphi_2\, \delta\mu_2 + \ldots + \varphi_n\, \delta\mu_n)\, dm$$

doit être la variation d'une fonction de l'état du système; il est évident que cette fonction ne peut être que de la forme

$$\int \mathrm{H}(\mu_1, \mu_2, \ldots, \mu_n)\, dm.$$

Les égalités (7) et (8) montrent alors que l'on pourra écrire

$$\mathcal{F} = \int (\mathrm{G} + \rho \mathrm{H})\, d\mathrm{V} + \frac{\mathrm{E}}{2} \int\int \mathrm{F}\, d\mathrm{V}\, d\mathrm{V}',$$

ou bien, en posant

$$\frac{\mathrm{G}}{\rho} + \mathrm{H} = \zeta(\mu_1, \mu_2, \ldots, \mu_n, \rho, \mathrm{T}), \tag{9}$$

$$\frac{\mathrm{EF}}{\rho\rho'} = \psi(\mu_1, \mu_2, \ldots, \mu_n, \rho, \mu'_1, \mu'_2, \ldots, \mu'_n, \rho', r), \tag{10}$$

$$\left\{ \begin{aligned} \mathcal{F} = & \int \zeta(\mu_1, \mu_2, \ldots, \mu_n, \rho, \mathrm{T})\, dm \\ & + \frac{1}{2} \int\int \psi(\mu_1, \mu_2, \ldots, \mu_n, \rho, \mu'_1, \mu'_2, \ldots, \mu'_n, \rho', r)\, dm\, dm'. \end{aligned} \right. \tag{11}$$

Ce n'est pas de cette forme générale qu'il sera fait usage dans ce Mémoire; nous ferons une hypothèse simplificatrice qui est la suivante :

Hypothèse simplificatrice. — *La fonction ψ est négligeable.*

Nous poserons donc

$$\psi(\mu_1, \mu_2, \ldots, \mu_n, \rho, \mu'_1, \mu'_2, \ldots, \mu'_n, \rho', r) = 0 \tag{12}$$

et le potentiel thermodynamique interne du mélange prendra la forme simple

$$\mathcal{F} = \int \zeta(\mu_1, \mu_2, \ldots, \mu_n, \rho, T)\, dm. \tag{13}$$

Nous ne devrons pas oublier que cette hypothèse simplificatrice est entièrement arbitraire, et, par conséquent, nous ne devrons pas nous étonner si les conséquences que nous en déduirons sont parfois en contradiction avec l'expérience.

§ III. — Cas des gaz parfaits.

Nous allons nous proposer, à titre d'exemple, de déterminer la forme de la fonction $\zeta(\mu_1, \mu_2, \ldots, \mu_n, \rho, T)$ pour un mélange de gaz parfaits.

Supposons que les variables $\mu_1, \mu_2, \ldots, \mu_n, \rho, T$ aient la même valeur en tout point, de telle façon que le mélange soit homogène. Désignons par M la masse totale de ce mélange. D'après l'égalité (13), le potentiel thermodynamique interne de ce mélange aura pour valeur

$$\mathcal{F} = M\,\zeta(\mu_1, \mu_2, \ldots, \mu_n, \rho, T). \tag{14}$$

D'autre part, soit M_1 la masse du gaz 1 que le système renferme; soit σ_1 son volume spécifique dans les conditions normales de température et de pression; soit ρ_1 sa densité, c'est-à-dire le rapport de la masse M_1 au volume du mélange; soit $\chi_1(T)$ une certaine fonction de la température dont la forme dépend de la température du gaz; soit R une constante. Adoptons pour les gaz 2, ..., n des notations analogues. Le potentiel thermodynamique interne du mélange aura pour valeur [1]

$$\left\{\begin{aligned} \mathcal{F} = {} & M_1 RT\sigma_1 \log\rho_1 + M_1\chi_1(T) \\ & + M_2 RT\sigma_2 \log\rho_2 + M_2\chi_2(T) \\ & + \ldots\ldots\ldots\ldots\ldots\ldots\ldots\ldots \\ & + M_n RT\sigma_n \log\rho_n + M_n\chi_n(T). \end{aligned}\right. \tag{15}$$

Mais on a

$$M_1 = \mu_1 M, \qquad M_2 = \mu_2 M, \qquad \ldots, \qquad M_n = \mu_n M.$$

(1) P. Duhem, *Sur la dissociation dans les systèmes qui renferment un mélange de gaz parfaits*, Chap. II (*Travaux et Mémoires des Facultés de Lille*, 1892).

On a aussi

$$\rho_1 = \frac{M_1}{M}\rho = \mu_1 \rho,$$
$$\rho_2 = \frac{M_2}{M}\rho = \mu_2 \rho,$$
$$\ldots\ldots\ldots\ldots\ldots,$$
$$\rho_n = \frac{M_n}{M}\rho = \mu_n \rho.$$

L'égalité (15) peut donc s'écrire

$$(16)\quad \begin{cases} \mathfrak{F} = M[RT(\mu_1\sigma_1 \log \mu_1\rho + \mu_2\sigma_2 \log \mu_2\rho + \ldots + \mu_n\sigma_n \log \mu_n\rho) \\ \qquad + \mu_1\chi_1(T) + \mu_2\chi_2(T) + \ldots + \mu_n\chi_n(T)]. \end{cases}$$

La comparaison des égalités (15) et (16) nous montre que, pour un mélange de gaz parfaits, on a

$$(17)\quad \begin{cases} \zeta(\mu_1, \mu_2, \ldots, \mu_n, \rho, T) \\ \quad = RT(\mu_1\sigma_1 \log \mu_1\rho + \mu_2\sigma_2 \log \mu_2\rho + \ldots + \mu_n\sigma_n \log \mu_n\rho) \\ \quad + \mu_1\chi_1(T) + \mu_2\chi_2(T) + \ldots + \mu_n\chi_n(T). \end{cases}$$

Cette formule nous sera d'un fréquent usage.

§ IV. — Formules relatives aux mélanges de deux substances.

Les variables $\mu_1, \mu_2, \ldots, \mu_n$ sont liées par la relation

$$(3)\quad \mu_1 + \mu_2 + \ldots + \mu_n = 1.$$

Dans le cas d'un système formé seulement par un mélange de deux substances, il est souvent commode de substituer aux deux variables μ_1 et μ_2 la variable

$$(18)\quad s = \frac{\mu_2}{\mu_1}.$$

L'égalité (18), jointe à l'égalité

$$(3\ bis)\quad \mu_1 + \mu_2 = 1,$$

donne

$$(19)\quad \begin{cases} \mu_1 = \dfrac{1}{1+s}, \\ \mu_2 = \dfrac{s}{1+s}. \end{cases}$$

et, par conséquent,

$$d\mu_1 = - d\mu_2 = - \frac{ds}{(1+s)^2}. \tag{20}$$

La fonction $\zeta(\mu_1, \mu_2, \rho, T)$ peut s'exprimer en fonction de s, ρ, T.

Posons

$$\zeta(\mu_1, \mu_2, \rho, T) = Z(s, \rho, T) \tag{21}$$

Nous aurons

$$\left\{ \begin{aligned} \frac{\partial\zeta}{\partial\mu_1} &= \frac{\partial Z}{\partial s}\frac{\partial s}{\partial\mu_1} = -(1+s)^2\frac{\partial Z}{\partial s}, \\ \frac{\partial\zeta}{\partial\mu_2} &= \frac{\partial Z}{\partial s}\frac{\partial s}{\partial\mu_2} = \quad (1+s)^2\frac{\partial Z}{\partial s}. \end{aligned} \right. \tag{22}$$

Dans les applications, nous rencontrerons ces diverses formules.

§ V. — Autre système de variables propres à définir l'état d'un mélange.

Les variables $\mu_1, \mu_2, \ldots, \mu_n, \rho, T$ se présentent très naturellement pour définir l'état d'un mélange en un point; elles en indiquent la composition centésimale, la densité totale et la température; mais elles ont l'inconvénient de n'être pas absolument indépendantes; elles sont liées par la relation

$$\mu_1 + \mu_2 + \ldots + \mu_n = 1. \tag{3}$$

Dans certains cas, nous aurons intérêt à définir l'état du mélange au moyen de certaines variables *complètement indépendantes* que nous allons définir.

Soient

$$\rho_1 = \mu_1\rho, \qquad \rho_2 = \mu_2\rho, \qquad \ldots, \qquad \rho_n = \mu_n\rho \tag{23}$$

les *densités partielles* qu'ont, au point (x, y, z), les divers fluides mélangés; l'état du système au point (x, y, z) pourra être défini par le système des $(n+1)$ *variables complètement indépendantes*

$$\rho_1, \quad \rho_2, \quad \ldots, \quad \rho_n, \quad T.$$

Les égalités

$$\rho_1 + \rho_2 + \ldots + \rho_n = \rho, \tag{24}$$

$$\left\{ \begin{array}{l} \dfrac{\rho_1}{\rho_1 + \rho_2 + \ldots + \rho_n} = \mu_1, \\ \dfrac{\rho_2}{\rho_1 + \rho_2 + \ldots + \rho_n} = \mu_2, \\ \ldots\ldots\ldots\ldots\ldots\ldots, \\ \dfrac{\rho_n}{\rho_1 + \rho_2 + \ldots + \rho_n} = \mu_n, \end{array} \right. \tag{25}$$

qui résultent des égalités (23), nous montrent que la fonction

$$\zeta(\rho, \mu_1, \mu_2, \ldots, \mu_n, \mathrm{T})$$

peut s'exprimer en fonction des variables $\rho_1, \rho_2, \ldots, \rho_n$, T. Posons

$$\zeta(\rho, \mu_1, \mu_2, \ldots, \mu_n, \mathrm{T}) = \xi(\rho_1, \rho_2, \ldots, \rho_n, \mathrm{T}). \tag{26}$$

Nous aurons

$$\frac{\partial \xi}{\partial \rho_1} = \frac{\partial \zeta}{\partial \rho}\frac{\partial \rho}{\partial \rho_1} + \frac{\partial \zeta}{\partial \mu_1}\frac{\partial \mu_1}{\partial \rho_1} + \frac{\partial \zeta}{\partial \mu_2}\frac{\partial \mu_2}{\partial \rho_1} + \ldots + \frac{\partial \zeta}{\partial \mu_n}\frac{\partial \mu_n}{\partial \rho_1},$$

égalité qui deviendra, en vertu des égalités (24) et (25), la première des égalités

$$\left\{ \begin{array}{l} \dfrac{\partial \xi}{\partial \rho_1} = \dfrac{\partial \zeta}{\partial \rho} + \dfrac{1}{\rho}\left[(1 - \mu_1)\dfrac{\partial \zeta}{\partial \mu_1} - \mu_2 \dfrac{\partial \zeta}{\partial \mu_2} - \ldots - \mu_n \dfrac{\partial \zeta}{\partial \mu_n}\right], \\ \dfrac{\partial \xi}{\partial \rho_2} = \dfrac{\partial \zeta}{\partial \rho} + \dfrac{1}{\rho}\left[-\mu_1 \dfrac{\partial \zeta}{\partial \mu_1} + (1 - \mu_2)\dfrac{\partial \zeta}{\partial \mu_2} - \ldots - \mu_n \dfrac{\partial \zeta}{\partial \mu_n}\right], \\ \ldots\ldots\ldots\ldots\ldots\ldots\ldots\ldots\ldots\ldots\ldots\ldots, \\ \dfrac{\partial \xi}{\partial \rho_n} = \dfrac{\partial \zeta}{\partial \rho} + \dfrac{1}{\rho}\left[-\mu_1 \dfrac{\partial \zeta}{\partial \mu_1} - \mu_2 \dfrac{\partial \zeta}{\partial \mu_2} - \ldots + (1 - \mu_n)\dfrac{\partial \zeta}{\partial \mu_n}\right]. \end{array} \right. \tag{27}$$

Ces égalités peuvent s'écrire

$$\left\{ \begin{array}{l} \rho\dfrac{\partial \xi}{\partial \rho_1} = \rho\dfrac{\partial \zeta}{\partial \rho} + (1 - \mu_1)\dfrac{\partial \zeta}{\partial \mu_1} - \mu_2 \dfrac{\partial \zeta}{\partial \mu_2} - \ldots - \mu_n \dfrac{\partial \zeta}{\partial \mu_n}, \\ \rho\dfrac{\partial \xi}{\partial \rho_2} = \rho\dfrac{\partial \zeta}{\partial \rho} - \mu_1 \dfrac{\partial \zeta}{\partial \mu_1} + (1 - \mu_2)\dfrac{\partial \zeta}{\partial \mu_2} - \ldots - \mu_n \dfrac{\partial \zeta}{\partial \mu_n}, \\ \ldots\ldots\ldots\ldots\ldots\ldots\ldots\ldots\ldots\ldots\ldots\ldots, \\ \rho\dfrac{\partial \xi}{\partial \rho_n} = \rho\dfrac{\partial \zeta}{\partial \rho} - \mu_1 \dfrac{\partial \zeta}{\partial \mu_1} - \mu_2 \dfrac{\partial \zeta}{\partial \mu_2} - \ldots + (1 - \mu_n)\dfrac{\partial \zeta}{\partial \mu_n}. \end{array} \right. \tag{27 bis}$$

Multiplions la première de ces égalités (27 *bis*) par ρ_1, la deuxième par ρ_2, ..., la dernière par ρ_n, et ajoutons membre à membre les résultats obtenus en tenant compte des égalités (24) et (25); nous trouverons l'égalité

$$\rho\left(\rho_1\frac{\partial\xi}{\partial\rho_1}+\rho_2\frac{\partial\xi}{\partial\rho_2}+\ldots+\rho_n\frac{\partial\xi}{\partial\rho_n}\right)=\rho^2\frac{\partial\zeta}{\partial\rho}, \tag{28}$$

dont nous aurons à faire usage dans la suite de ce travail.

CHAPITRE II.

ÉQUILIBRE D'UN MÉLANGE FLUIDE SOUS L'ACTION DE FORCES EXTÉRIEURES.

§ I. — Équilibre d'un mélange fluide sous l'action de forces extérieures.

Nous traiterons tout d'abord le problème de l'Hydrostatique pour un mélange de fluides.

Les conditions d'équilibre d'un mélange de fluides s'exprimeront en écrivant que, pour toute modification virtuelle imposée au système, on a

$$\delta\mathcal{F}-d\mathfrak{G}_e\geqq 0, \tag{1}$$

$d\mathfrak{G}_e$ étant le travail virtuel des forces extérieures.

Relativement à ce travail, nous ferons l'hypothèse très simple que voici :

On a

$$\left\{\begin{aligned} d\mathfrak{G}_e = & \mathbf{S}\,\mathrm{P}\,|\cos(\mathrm{P},x)\,\delta x+\cos(\mathrm{P},y)\,\delta y+\cos(\mathrm{P},z)\,\delta z\,|\,d\mathrm{S}\\ & -\delta\int \mathrm{V}(x,y,z)\,dm, \end{aligned}\right. \tag{2}$$

$d\mathrm{S}$ étant un élément de la surface déformable du fluide;

δx, δy, δz étant les composantes du déplacement d'un point de cet élément, la première $\mathbf{S}$ s'étendant à tous les éléments de la surface déformable;

(x, y, z) étant un point de l'élément de masse dm;
$V(x, y, z)$ étant une fonction de x, y, z, qui, dans la région occupée par le fluide, est uniforme, finie et continue,

la seconde intégration s'étendant à la masse entière du fluide.

Nous commencerons par appliquer la condition (1) à des modifications qui laissent invariables la composition et la densité de chacun des éléments de masse du fluide; ces modifications ne font pas varier le potentiel thermodynamique interne du fluide, en sorte que, pour elles, la condition (1) se réduira à

$$d\mathfrak{T}_e \leqq 0. \tag{3}$$

Cette condition (3), traitée soit par la méthode de Clairaut [1], soit par la méthode de Lagrange [2], nous donnera les résultats suivants :

Il existe une fonction $\Pi(x, y, z)$, *uniforme, finie et continue à l'intérieur du fluide, telle que l'on ait*

$$\rho\left(\frac{\partial V}{\partial x}dx + \frac{\partial V}{\partial y}dy + \frac{\partial V}{\partial z}dz\right) + d\Pi = 0. \tag{4}$$

Cette fonction n'est jamais négative.

En tout point de la surface déformable du fluide, on a

$$\left\{\begin{aligned} P\cos(P, x) &= \Pi\cos(n_i, x),\\ P\cos(P, y) &= \Pi\cos(n_i, y),\\ P\cos(P, z) &= \Pi\cos(n_i, z),\end{aligned}\right. \tag{5}$$

n_i *étant la normale à la surface déformable, dirigée vers l'intérieur du fluide.*

Ces résultats obtenus, nous allons imposer au fluide une modification quelconque; voici comment nous opérerons pour calculer les valeurs correspondantes de $d\mathfrak{T}_e$ et de $\delta\mathfrak{F}$:

---

(1) P. Duhem, *Sur les principes fondamentaux de l'Hydrostatique* (*Annales de la Faculté des Sciences de Toulouse*, t. IV, p. C.1).

(2) P. Duhem, *Hydrodynamique, Élasticité, Acoustique*. Cours professé à la Faculté des Sciences de Lille en 1890-1891, Livre II, Chap. I.

Au commencement de la modification, que, pour simplifier, nous supposerons renversable, le fluide est limité par la surface S (*fig.* 1), et occupe l'espace E; à la fin de la modification,

Fig. 1.

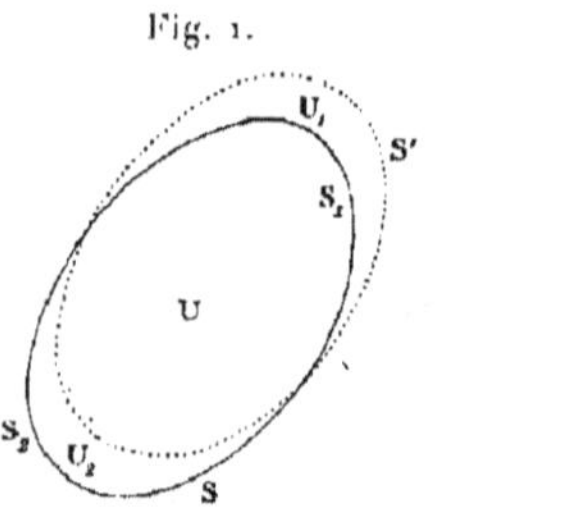

il est limité par la surface S' et occupe l'espace E'; soit U la région commune aux deux espaces E et E'; soit U_1 la région qui appartient à l'espace E', sans appartenir à l'espace E; soit U_2 la région qui appartient à l'espace E, sans appartenir à l'espace E'; soit S_1 la partie de la surface S qui confine à la région U_1; soit S_2 la partie de la surface S qui confine à la région U_2.

Nous diviserons l'espace en éléments de volume dv qui demeurent invariables; seulement, chacun de ces éléments ne renferme pas la même masse fluide au début de la modification et à la fin; en particulier, les éléments de l'espace U_1 sont vides au début de la modification et remplis de fluide à la fin, tandis que les éléments de la région U_2 sont pleins au début de la modification et vides à la fin.

On voit sans peine que l'on aura

$$\delta\int \rho V\,dv = \int_U V\,\delta\rho\,dv + \int_{U_1} \rho V\,dv - \int_{U_2} \rho V\,dv.$$

D'ailleurs, il est clair que

$$\int_{U_1} \rho V\,dv = -\mathbf{S}_{S_1}\, \rho V[\cos(n_i, x)\,\delta x + \cos(n_i, y)\,\delta y + \cos(n_i, z)\,\delta z]\,dS_1,$$

$$\int_{U_2} \rho V\,dv = \mathbf{S}_{S_2}\, \rho V[\cos(n_i, x)\,\delta x + \cos(n_i, y)\,\delta y + \cos(n_i, z)\,\delta z]\,dS_2,$$

en sorte que l'égalité précédente devient

$$(6)\quad \begin{cases} \delta \int \rho V \, dv = \int V \, \delta\rho \, dv \\ \quad - \mathbf{S}_S \rho V [\cos(n_i, x)\, \delta x + \cos(n_i, y)\, \delta y + \cos(n_i, z)\, \delta z] \, dS. \end{cases}$$

D'autre part, les égalités (5) permettent d'écrire

$$(7)\quad \begin{cases} \mathbf{S}_S P [\cos(P, x)\, \delta x + \cos(P, y)\, \delta y + \cos(P, z)\, \delta z] \, dS \\ = \mathbf{S}_S \Pi [\cos(n_i, x)\, \delta x + \cos(n_i, y)\, \delta y + \cos(n_i, z)\, \delta z] \, dS. \end{cases}$$

Les égalités (2), (6) et (7) donnent

$$(8)\quad \begin{cases} d\mathfrak{T}_e = -\int_E V \, \delta\rho \, dv \\ \quad + \mathbf{S}_S (\Pi + \rho V) [\cos(n_i, x)\, \delta x + \cos(n_i, y)\, \delta y + \cos(n_i, z)\, \delta z] \, dS. \end{cases}$$

D'autre part, nous aurons

$$\delta \mathfrak{F} = \int_U \delta(\rho\zeta) \, dv + \int_{U_1} \rho\zeta \, dv - \int_{U_2} \rho\zeta \, dv.$$

Mais il est clair que

$$\int_{U_1} \rho\zeta \, dv = - \mathbf{S}_{S_1} \rho\zeta [\cos(n_i, x)\, \delta x + \cos(n_i, y)\, \delta y + \cos(n_i, z)\, \delta z] \, dS_1,$$

$$\int_{U_2} \rho\zeta \, dv = \mathbf{S}_{S_2} \rho\zeta [\cos(n_i, x)\, \delta x + \cos(n_i, y)\, \delta y + \cos(n_i, z)\, \delta z] \, dS_2.$$

On a donc

$$(9)\quad \begin{cases} \delta \mathfrak{F} = \int_E \left[\left(\zeta + \rho \dfrac{\partial \zeta}{\partial \rho} \right) \delta\rho + \rho \dfrac{\partial \zeta}{\partial \mu_1} \delta\mu_1 + \rho \dfrac{\partial \zeta}{\partial \mu_2} \delta\mu_2 + \ldots + \rho \dfrac{\partial \zeta}{\partial \mu_n} \delta\mu_n \right] dv \\ \quad - \mathbf{S}_S \rho\zeta [\cos(n_i, x)\, \delta x + \cos(n_i, y)\, \delta y + \cos(n_i, z)\, \delta z] \, dS. \end{cases}$$

La condition (1) devient

$$(10)\quad \begin{cases} \int_E \left[\left(V + \zeta + \rho \dfrac{\partial \zeta}{\partial \rho} \right) \delta\rho + \rho \dfrac{\partial \zeta}{\partial \mu_1} \delta\mu_1 + \rho \dfrac{\partial \zeta}{\partial \mu_2} \delta\mu_2 + \ldots + \rho \dfrac{\partial \zeta}{\partial \mu_n} \delta\mu_n \right] dv \\ \quad - \mathbf{S}_S (\rho V + \rho\zeta + \Pi) [\cos(n_i, x)\, \delta x + \cos(n_i, y)\, \delta y + \cos(n_i, z)\, \delta z] \, dS = 0. \end{cases}$$

Cette égalité ne doit pas avoir lieu d'une manière inconditionnée :

1° En vertu de l'égalité (3) du Chapitre I, on doit avoir en chaque point

$$\delta\mu_1 + \delta\mu_2 + \ldots + \delta\mu_n = 0. \tag{11}$$

2° Les masses $M_1, M_2, \ldots, M_n$ de chacun des corps 1, 2, ..., n que le système renferme doivent demeurer constantes, ce qu'expriment les égalités (5) du Chapitre I.

Or l'on a

$$\delta\int \mu_1\, dm = \int_{U} (\mu_1\,\delta\rho + \rho\,\delta\mu_1)\, dv + \int_{U_1} \rho\mu_1\, dv - \int_{U_2} \rho\mu_1\, dv,$$

et aussi

$$\int_{U_1} \rho\mu_1\, dv = -\mathbf{S}_{S_1} \rho\mu_1 [\cos(n_i, x)\,\delta x + \cos(n_i, y)\,\delta y + \cos(n_i, z)\,\delta z]\, dS_1,$$

$$\int_{U_2} \rho\mu_1\, dv = \mathbf{S}_{S_2} \rho\mu_1 [\cos(n_i, x)\,\delta x + \cos(n_i, y)\,\delta y + \cos(n_i, z)\,\delta z]\, dS_2,$$

en sorte que la première égalité (5) du Chapitre I devient la première des égalités

$$\left\{\begin{array}{l}
\displaystyle\int_{E} (\mu_1\,\delta\rho + \rho\,\delta\mu_1)\, dv - \mathbf{S}_{S} \rho\mu_1 [\cos(n_i, x)\delta x + \cos(n_i, y)\delta y + \cos(n_i, z)\delta z]\, dS = 0, \\
\displaystyle\int_{E} (\mu_2\,\delta\rho + \rho\,\delta\mu_2)\, dv - \mathbf{S}_{S} \rho\mu_2 [\cos(n_i, x)\delta x + \cos(n_i, y)\delta y + \cos(n_i, z)\delta z]\, dS = 0, \\
\ldots\ldots\ldots\ldots\ldots\ldots\ldots\ldots\ldots\ldots\ldots\ldots\ldots\ldots\ldots\ldots\ldots\ldots, \\
\displaystyle\int_{E} (\mu_n\,\delta\rho + \rho\,\delta\mu_n)\, dv - \mathbf{S}_{S} \rho\mu_n [\cos(n_i, x)\delta x + \cos(n_i, y)\delta y + \cos(n_i, z)\delta z]\, dS = 0.
\end{array}\right. \tag{12}$$

3° La masse totale du système doit demeurer constante, ce qu'exprime l'égalité

$$\delta\int \rho\, dv = 0.$$

Or

$$\delta\int \rho\, dv = \int_{V} \delta\rho\, dv + \int_{U_1} \rho\, dv - \int_{U_2} \rho\, dv$$

et

$$\int_{U_1} \rho\, dv = -\mathbf{S}_{S_1} \rho [\cos(n_i, x)\,\delta x + \cos(n_i, y)\,\delta y + \cos(n_i, z)\,\delta z]\, dS_1,$$

$$\int_{U_2} \rho\, dv = \mathbf{S}_{S_2} \rho [\cos(n_i, x)\,\delta x + \cos(n_i, y)\,\delta y + \cos(n_i, z)\,\delta z]\, dS_2.$$

La condition précédente devient donc

$$(12\ bis)\qquad \int_E \delta\rho\, dv - \mathbf{S}_S \rho [\cos(n_i, x)\delta x + \cos(n_i, y)\delta y + \cos(n_i, z)\delta z]\, dS = 0.$$

Ainsi, pour que l'égalité (10) ait lieu, il faut et il suffit que les conditions (11), (12) et (12 *bis*) soient vérifiées; dès lors, en vertu des principes du calcul des variations, il doit exister :

1° Une fonction $\varphi(x, y, z)$, uniforme, finie et continue en tout point de l'espace E;

2° n constantes $C_1, C_2, \ldots, C_n$;

3° Une constante Γ;

telles que l'on ait *identiquement* l'égalité suivante :

$$(13)\quad \left\{ \begin{aligned} &\int_E \Big[\Big(V + \zeta + \rho \frac{\partial \zeta}{\partial \rho} + C_1 \mu_1 + C_2 \mu_2 + \ldots + C_n \mu_n + \Gamma \Big) \delta\rho \\ &\quad + \Big(\rho \frac{\partial \zeta}{\partial \mu_1} + \rho C_1 + \varphi \Big) \delta\mu_1 + \Big(\rho \frac{\partial \zeta}{\partial \mu_2} + \rho C_2 + \varphi \Big) \delta\mu_2 \\ &\quad + \ldots + \Big(\rho \frac{\partial \zeta}{\partial \mu_n} + \rho C_n + \varphi \Big) \delta\mu_n \Big] dv \\ &- \mathbf{S}_S [\rho(V + \zeta + C_1\mu_1 + C_2\mu_2 + \ldots + C_n\mu_n + \Gamma) + \Pi] \\ &\quad \times [\cos(n_i, x)\,\delta x + \cos(n_i, y)\,\delta y + \cos(n_i, z)\,\delta z]\, dS = 0. \end{aligned} \right.$$

Cette égalité devant avoir lieu identiquement, on voit que *l'on doit avoir :*

1° *En tout point de la surface déformable du fluide,*

$$(14)\qquad \rho(V + \zeta + C_1\mu_1 + C_2\mu_2 + \ldots + C_n\mu_n + \Gamma) + \Pi = 0;$$

2° *En tout point du fluide,*

$$(15)\qquad V + \zeta + \rho \frac{\partial \zeta}{\partial \rho} + C_1\mu_1 + C_2\mu_2 + \ldots + C_n\mu_n + \Gamma = 0;$$

3° *En tout point du fluide,*

$$
(16)\quad \left\{
\begin{aligned}
&\rho\left(\frac{\partial\zeta}{\partial\mu_1}+C_1\right)+\varphi=0,\\
&\rho\left(\frac{\partial\zeta}{\partial\mu_2}+C_2\right)+\varphi=0,\\
&\dots\dots\dots\dots\dots\dots\dots,\\
&\rho\left(\frac{\partial\zeta}{\partial\mu_n}+C_n\right)+\varphi=0.
\end{aligned}
\right.
$$

Ces conditions, jointes aux conditions (4) et (5), représentent l'ensemble des conditions qui sont nécessaires et suffisantes pour l'équilibre du fluide.

Nous allons transformer ces équations.

L'égalité (15), différentiée et multipliée par ρ, donne l'égalité

$$
(17)\quad \left\{
\begin{aligned}
&\rho\, dV+\rho\frac{\partial\zeta}{\partial\rho}d\rho+\rho\frac{\partial}{\partial\rho}\left(\rho\frac{\partial\zeta}{\partial\rho}\right)d\rho\\
&\quad+\rho^2\left[\frac{\partial^2\zeta}{\partial\rho\,\partial\mu_1}d\mu_1+\frac{\partial^2\zeta}{\partial\rho\,\partial\mu_2}d\mu_2+\ldots+\frac{\partial^2\zeta}{\partial\rho\,\partial\mu_n}d\mu_n\right]\\
&\quad+\rho\left[\left(\frac{\partial\zeta}{\partial\mu_1}+C_1\right)d\mu_1+\left(\frac{\partial\zeta}{\partial\mu_2}+C_2\right)d\mu_2+\ldots+\left(\frac{\partial\zeta}{\partial\mu_n}+C_n\right)d\mu_n\right]=0.
\end{aligned}
\right.
$$

Multiplions les deux membres de la première égalité (16) par $d\mu_1$, les deux membres de la seconde par $d\mu_2$, ..., les deux membres de la dernière par $d\mu_n$, et ajoutons membre à membre les résultats obtenus, en observant que

$$d\mu_1+d\mu_2+\ldots+d\mu_n=0.$$

Nous aurons

$$
(18)\quad \rho\left[\left(\frac{\partial\zeta}{\partial\mu_1}+C_1\right)d\mu_1+\left(\frac{\partial\zeta}{\partial\mu_2}+C_2\right)d\mu_2+\ldots+\left(\frac{\partial\zeta}{\partial\mu_n}+C_n\right)d\mu_n\right]=0.
$$

Si l'on observe que

$$
\rho\frac{\partial\zeta}{\partial\rho}+\rho\frac{\partial}{\partial\rho}\left(\rho\frac{\partial\zeta}{\partial\rho}\right)=2\rho\frac{\partial\zeta}{\partial\rho}+\rho^2\frac{\partial^2\zeta}{\partial\rho^2}=\frac{\partial}{\partial\rho}\left(\rho^2\frac{\partial\zeta}{\partial\rho}\right),
$$

on voit qu'en vertu de l'égalité (17), l'égalité (18) pourra s'écrire

$$
\rho\, dV+d\left(\rho^2\frac{\partial\zeta}{\partial\rho}\right)=0,
$$

ou bien, en vertu de l'égalité (4),

$$d\Pi - d\left(\rho^2 \frac{\partial \zeta}{\partial \rho}\right) = 0.$$

Cette égalité nous montre que $\left(\Pi - \rho^2 \frac{\partial \zeta}{\partial \rho}\right)$ a la même valeur en tous les points du fluide.

Cette valeur est aisée à déterminer.

L'égalité (14) a lieu en tous les points de la surface du fluide.

L'égalité (15) a lieu en tous les points du fluide et, par conséquent, en tous les points de sa surface.

Si l'on retranche membre à membre ces deux égalités l'une de l'autre, après avoir multiplié par ρ les deux membres de la seconde, on trouve que l'on doit avoir, en tous les points de la surface du fluide,

$$\Pi - \rho^2 \frac{\partial \zeta}{\partial \rho} = 0.$$

Ce résultat, joint au précédent, nous donne la proposition suivante :

En tous les points de la masse fluide, on a l'égalité

$$\Pi = \rho^2 \frac{\partial \zeta}{\partial \rho}. \tag{19}$$

Considérons maintenant les égalités (16); multiplions les deux membres de la première par μ_1, les deux membres de la seconde par μ_2, ..., les deux membres de la dernière par μ_n; ajoutons membre à membre les résultats obtenus, en observant que

$$\mu_1 + \mu_2 + \ldots + \mu_n = 1,$$

et nous trouverons l'égalité

$$\left\{\begin{array}{l} \rho\left(\frac{\partial \zeta}{\partial \mu_1}\mu_1 + \frac{\partial \zeta}{\partial \mu_2}\mu_2 + \ldots + \frac{\partial \zeta}{\partial \mu_n}\mu_n\right) \\ \quad + \rho(C_1\mu_1 + C_2\mu_2 + \ldots + C_n\mu_n) + \varphi = 0. \end{array}\right. \tag{20}$$

D'autre part, l'égalité (15) donne

$$\rho\left(V + \zeta + \rho\frac{\partial \zeta}{\partial \rho} + \Gamma\right) + \rho(C_1\mu_1 + C_2\mu_2 + \ldots + C_n\mu_n) = 0.$$

ou, en tenant compte de l'égalité (19),

(21) $$\Pi + \rho(V + \zeta + \Gamma) + \rho(C_1\mu_1 + C_2\mu_2 + \ldots + C_n\mu_n) = 0.$$

Les égalités (20) et (21) donnent

(22) $$\Pi + \rho(V + \zeta + \Gamma) - \rho\left(\mu_1\frac{\partial\zeta}{\partial\mu_1} + \mu_2\frac{\partial\zeta}{\partial\mu_2} + \ldots + \mu_n\frac{\partial\zeta}{\partial\mu_n}\right) = 0.$$

En vertu de cette égalité (22), et en posant

(23) $$\begin{cases} C_1 + \Gamma = \gamma_1, \\ C_2 + \Gamma = \gamma_2, \\ \ldots\ldots\ldots\ldots, \\ C_n + \Gamma = \gamma_n, \end{cases}$$

les égalités (16) deviendront

(25) $$\begin{cases} \dfrac{\Pi}{\rho} + (1-\mu_1)\dfrac{\partial\zeta}{\partial\mu_1} - \mu_2\dfrac{\partial\zeta}{\partial\mu_2} - \ldots\ldots - \mu_n\dfrac{\partial\zeta}{\partial\mu_n} + \zeta + V + \gamma_1 = 0, \\ \dfrac{\Pi}{\rho} - \mu_1\dfrac{\partial\zeta}{\partial\mu_1} + (1-\mu_2)\dfrac{\partial\zeta}{\partial\mu_2} - \ldots\ldots - \mu_n\dfrac{\partial\zeta}{\partial\mu_n} + \zeta + V + \gamma_2 = 0, \\ \ldots\ldots\ldots\ldots\ldots\ldots\ldots\ldots\ldots\ldots\ldots\ldots, \\ \dfrac{\Pi}{\rho} - \mu_1\dfrac{\partial\zeta}{\partial\mu_1} - \mu_2\dfrac{\partial\zeta}{\partial\mu_2} - \ldots + (1-\mu_n)\dfrac{\partial\zeta}{\partial\mu_n} + \zeta + V + \gamma_n = 0, \end{cases}$$

égalités dont la fonction arbitraire φ est éliminée.

Les égalités (23), jointes à l'égalité

$$\mu_1 + \mu_2 + \ldots + \mu_n = 1,$$

permettent d'écrire l'égalité (15)

(15 *bis*) $$V + \zeta + \rho\frac{\partial\zeta}{\partial\rho} + \gamma_1\mu_1 + \gamma_2\mu_2 + \ldots + \gamma_n\mu_n = 0.$$

Mais il est aisé de voir que cette égalité (15 *bis*) est une conséquence des égalités (25) et (19). Multiplions, en effet, la première des égalités (25) par μ_1, la deuxième par μ_2, ..., la dernière par μ_n, et ajoutons membre à membre les résultats obtenus; nous trouvons, en observant que $\mu_1 + \mu_2 + \ldots + \mu_n = 1$,

(21 *bis*) $$\frac{\Pi}{\rho} + V + \zeta + \gamma_1\mu_1 + \gamma_2\mu_2 + \ldots + \gamma_n\mu_n = 0,$$

égalité qui, en vertu de l'égalité (19), reproduit l'égalité (15 *bis*).

Quant à l'égalité (14), elle résulte des égalités (15) et (19).

Les conditions d'équilibre d'un mélange liquide sont donc définies par les égalités (4), (5), (19) et (25); ces conditions renferment n constantes $\gamma_1, \gamma_2, \ldots, \gamma_n$; pour déterminer ces constantes, on aura à faire usage des égalités [Chapitre I, égalités (4)]

$$\int \mu_1 \rho \, dv = M_1,$$
$$\int \mu_2 \rho \, dv = M_2,$$
$$\ldots\ldots\ldots\ldots\ldots,$$
$$\int \mu_n \rho \, dv = M_n.$$

Les égalités que nous venons d'obtenir peuvent être immédiatement employées à démontrer plusieurs théorèmes importants.

L'égalité (4) nous montre que $d\Pi$ est nul en même temps que dV; en sorte que *les surfaces équipotentielles sont des surfaces d'égale pression*.

La densité ρ et l'unité sont deux facteurs intégrants de l'expression dV; ρ est donc tout l'espace occupé par le fluide, exprimable en fonction uniforme de V, en sorte que *les surfaces équipotentielles sont des surfaces d'égale densité*.

Aux divers points d'une surface équipotentielle, $\left(\frac{\Pi}{\rho} + V\right)$ a, d'après ce qui précède, une même valeur; les égalités (25) montrent alors qu'en ces divers points les variables $\mu_1, \mu_2, \ldots, \mu_n$ ont respectivement la même valeur; *les surfaces équipotentielles sont le lieu des points où le mélange fluide a la même composition*.

§ II. — Cas d'un mélange de deux substances.

Dans ce cas, les résultats précédents se simplifient beaucoup.

Posons [Chapitre I, égalité (21)]

$$\zeta(\mu_1, \mu_2, \rho, T) = Z(s, \rho, T).$$

L'égalité (4) gardera la forme

$$\rho \, dV + d\Pi = 0. \tag{4 bis}$$

L'égalité (19) deviendra

(19 *bis*) $$\Pi = \rho^2 \frac{\partial Z(s, \rho, T)}{\partial \rho}.$$

Les égalités (25) doivent être remplacées par une égalité unique; il suffit, pour obtenir cette égalité, de remarquer que les deux égalités auxquelles se réduisent alors les égalités (25), retranchées membre à membre, donnent

$$\frac{\partial \zeta}{\partial \mu_1} - \frac{\partial \zeta}{\partial \mu_2} + \gamma_1 - \gamma_2 = 0,$$

ou bien, en vertu des égalités (22) du Chapitre I,

(26) $$(1+s)^2 \frac{\partial Z}{\partial s} = \frac{\gamma_1 - \gamma_2}{2},$$

égalité qui peut encore s'écrire

(26 *bis*) $$\left[2\frac{\partial Z}{\partial s} + (1+s)\frac{\partial^2 Z}{\partial s^2}\right] ds + (1+s)\frac{\partial^2 Z}{\partial s\, \partial \rho}\, d\rho = 0.$$

Ces divers résultats ont été déduits de l'étude de l'équilibre d'un mélange de n substances, et cette étude nécessite des calculs compliqués; nous allons nous proposer d'établir directement les conditions d'équilibre d'un mélange de deux substances.

Considérons un mélange de deux substances. Donnons-lui d'abord une modification isothermique virtuelle qui laisse invariable, pour chacun des éléments de masse qui composent ce mélange, les deux grandeurs s et T. Le potentiel thermodynamique interne

$$\mathfrak{F} = \int Z(s, \rho, T)\, dm$$

demeurera invariable, et la condition d'équilibre se réduira à

$$d\mathfrak{T}_e \leqq 0.$$

Cette condition, traitée soit par la méthode de Clairaut, soit par la méthode de Lagrange, donnera les égalités (4) et (5).

Nous considérerons ensuite une modification virtuelle renversable quelconque.

Dans cette modification, le travail externe sera encore donné par l'égalité

$$(8)\quad \begin{cases} d\mathfrak{T}_e = -\int_E V\,\delta\rho\,dv \\ \qquad + \mathbf{S}_S (\Pi + \rho V)[\cos(n_i,x)\delta x + \cos(n_i,y)\delta y + \cos(n_i,z)\delta z]\,dS. \end{cases}$$

La variation du potentiel thermodynamique interne sera donnée non par l'égalité (9), mais par l'égalité

$$(27)\quad \begin{cases} \delta\mathcal{F} = \int_E \left[\left(Z + \rho\dfrac{\partial Z}{\partial\rho}\right)\delta\rho + \rho\dfrac{\partial Z}{\partial s}\delta s\right] dv \\ \qquad - \mathbf{S}_S \rho Z[\cos(n_i,x)\delta x + \cos(n_i,y)\delta y + \cos(n_i,z)\delta z]\,dS. \end{cases}$$

En vertu des égalités (8) et (27), la condition (1) deviendra

$$(28)\quad \begin{cases} \int_E \left[\left(V + Z + \rho\dfrac{\partial Z}{\partial\rho}\right)\delta\rho + \rho\dfrac{\partial Z}{\partial s}\delta s\right] dv \\ - \mathbf{S}_S \left(V + Z + \dfrac{\Pi}{\rho}\right)\rho[\cos(n_i,x)\delta x + \cos(n_i,y)\delta y + \cos(n_i,z)\delta z]\,dS = 0. \end{cases}$$

Cette égalité ne doit pas avoir lieu d'une manière inconditionnée :

1° La masse totale du système doit demeurer invariable, ce qui donne la condition

$$\int \rho\,dv = \text{const.}$$

ou

$$(29)\quad \int_E \delta\rho\,dv - \mathbf{S}_S \rho[\cos(n_i,x)\delta x + \cos(n_i,y)\delta y + \cos(n_i,z)\delta z]\,dS = 0;$$

2° La masse totale du corps 1 doit demeurer invariable; cette condition s'exprime par l'égalité

$$\int \mu_1 \rho\,dv = \text{const.},$$

qui peut encore s'écrire [Chapitre I, égalité (19)]

$$\int \frac{\rho}{1+s}\,dv = \text{const.},$$

ou bien

$$(30)\quad \begin{cases} \displaystyle\int_E \left(\frac{1}{1+s}\delta\rho - \frac{\rho}{(1+s)^2}\delta s\right) dv \\ \displaystyle - \mathbf{S}_S \frac{\rho}{1+s}[\cos(n_i, x)\delta x + \cos(n_i, y)\delta y + \cos(n_i, z)\delta z]\, dS = 0. \end{cases}$$

Il est inutile d'exprimer que la masse du corps 2 demeure constante, car cela résulte des deux conditions précédentes.

L'égalité (28) devant être vérifiée moyennant les conditions (29) et (30), il doit exister deux constantes C et C′ telles que l'on ait identiquement l'égalité

$$\int_E \left[\left(V + Z + \rho\frac{\partial Z}{\partial \rho} + C + \frac{C'}{1+s}\right)\delta\rho + \rho\left(\frac{\partial Z}{\partial s} - \frac{C'}{(1+s)^2}\right)\delta s\right] dv$$
$$- \mathbf{S}_S\left(V + \frac{\Pi}{\rho} + Z + C + \frac{C'}{1+s}\right)$$
$$\times \rho[\cos(n_i, x)\delta x + \cos(n_i, y)\delta y + \cos(n_i, z)\delta z]\, dS = 0.$$

On doit donc avoir :

1° En tout point de la surface du fluide

$$(31)\qquad \frac{\Pi}{\rho} + V + Z + C + \frac{C'}{1+s} = 0;$$

2° En tout point de la masse du fluide

$$(32)\qquad V + Z + \rho\frac{\partial Z}{\partial \rho} + C + \frac{C'}{1+s} = 0;$$

$$(33)\qquad (1+s)^2\frac{\partial Z}{\partial s} = C'.$$

Cette égalité (33) n'est autre chose que l'égalité (26), où la constante $\frac{\gamma_1 - \gamma_2}{2}$ est maintenant nommée C′.

L'égalité (32), différentiée, donne

$$dV + \left[\frac{\partial Z}{\partial s} + \rho\frac{\partial^2 Z}{\partial s\,\partial \rho} - \frac{C'}{(1+s)^2}\right] ds + \left(2\frac{\partial Z}{\partial \rho} + \rho\frac{\partial^2 Z}{\partial \rho^2}\right) d\rho = 0.$$

Multiplions les deux membres de cette égalité par ρ, tenons compte de l'égalité (33) et de l'égalité (4), observons enfin que l'on a

$$d\left(\rho^2\frac{\partial Z}{\partial \rho}\right) = \rho\left[\left(2\frac{\partial Z}{\partial \rho} + \rho\frac{\partial^2 Z}{\partial \rho^2}\right) d\rho + \rho\frac{\partial^2 Z}{\partial s\,\partial \rho}\, ds\right],$$

et nous trouverons

$$d\left(\Pi - \rho^2 \frac{\partial Z}{\partial \rho}\right) = 0$$

ou

$$\Pi - \rho^2 \frac{\partial Z}{\partial \rho} = \text{const.}$$

Cette égalité a lieu dans toute la masse du fluide; mais, à la surface, on a, en vertu des égalités (31) et (32),

$$\Pi - \rho^2 \frac{\partial Z}{\partial \rho} = 0.$$

On a donc, dans toute la masse du fluide, l'égalité

(19 *bis*) $$\Pi - \rho^2 \frac{\partial Z}{\partial \rho} = 0.$$

Nous avons ainsi retrouvé les conditions nécessaires et suffisantes pour l'équilibre d'un mélange de deux fluides.

§ III. — Application des formules précédentes aux mélanges de gaz parfaits.

Reprenons les lois de l'équilibre d'un mélange de n substances et appliquons-les à un mélange de gaz parfaits.

Pour un semblable mélange, nous aurons, en vertu de l'égalité (17) du Chapitre I,

(34) $$\frac{\partial \zeta}{\partial \rho} = \frac{\mathrm{RT}}{\rho}(\mu_1 \sigma_1 + \mu_2 \sigma_2 + \mu_n \sigma_n),$$

(35) $$\left\{\begin{array}{l} \dfrac{\partial \zeta}{\partial \mu_1} = \mathrm{RT}\sigma_1(1 + \log \mu_1) + \chi_1(\mathrm{T}), \\ \dfrac{\partial \zeta}{\partial \mu_2} = \mathrm{RT}\sigma_2(1 + \log \mu_2) + \chi_2(\mathrm{T}), \\ \dots\dots\dots\dots\dots\dots\dots\dots \\ \dfrac{\partial \zeta}{\partial \mu_n} = \mathrm{RT}\sigma_n(1 + \log \mu_n) + \chi_n(\mathrm{T}). \end{array}\right.$$

Les conditions d'équilibre du mélange seront :

1° L'égalité

(4) $$\rho\, d\mathrm{V} + d\Pi = 0;$$

2° L'égalité (19) qui, en vertu de l'égalité (34), devient

$$\Pi = RT\rho(\mu_1\sigma_1 + \mu_2\sigma_2 + \ldots + \mu_n\sigma_n). \tag{36}$$

3° Les égalités (25) qui, en vertu de l'égalité (17) du Chapitre I et des égalités (35) deviennent

$$\left\{\begin{aligned}
&RT\sigma_1 \log\mu_1 + RT[(1+\mu_1)\sigma_1 + \mu_2\sigma_2 + \ldots + \mu_n\sigma_n]\log\rho + \frac{\Pi}{\rho} + V + \gamma_1 = 0,\\
&RT\sigma_2 \log\mu_2 + RT[\mu_1\sigma_1 + (1+\mu_2)\sigma_2 + \ldots + \mu_n\sigma_n]\log\rho + \frac{\Pi}{\rho} + V + \gamma_2 = 0,\\
&\ldots\ldots\ldots\ldots\ldots\ldots\ldots\ldots\ldots\ldots\ldots\ldots\ldots\ldots,\\
&RT\sigma_n \log\mu_n + RT[\mu_1\sigma_1 + \mu_2\sigma_2 + \ldots + (1+\mu_n)\sigma_n]\log\rho + \frac{\Pi}{\rho} + V + \gamma_n = 0.
\end{aligned}\right. \tag{37}$$

En vertu de l'égalité (36), ces égalités (37) deviennent

$$\left\{\begin{aligned}
&RT\sigma_1 \log\mu_1\rho + V + \gamma_1 = 0,\\
&RT\sigma_2 \log\mu_2\rho + V + \gamma_2 = 0,\\
&\ldots\ldots\ldots\ldots\ldots\ldots\ldots,\\
&RT\sigma_n \log\mu_n\rho + V + \gamma_n = 0.
\end{aligned}\right. \tag{38}$$

Posons

$$\rho_1 = \mu_1\rho, \qquad \rho_2 = \mu_2\rho, \qquad \ldots, \qquad \rho_n = \mu_n\rho. \tag{39}$$

Ces quantités $\rho_1, \rho_2, \ldots, \rho_n$ ont une signification simple; l'élément de volume dv renferme une masse $\rho\mu_1\,dv = \rho_1\,dv$ du gaz 1; ρ_1 est donc la densité qu'a le gaz 1, dans le mélange, en un point de l'élément de volume dv.

En vertu des égalités (39) et de l'identité

$$\mu_1 + \mu_2 + \ldots + \mu_n = 1,$$

on trouve

$$\rho = \rho_1 + \rho_2 + \ldots + \rho_n. \tag{40}$$

L'égalité (4) peut donc s'écrire, en vertu de l'égalité (40),

$$(\rho_1 + \rho_2 + \ldots + \rho_n)\,dV + d\Pi = 0. \tag{41}$$

L'égalité (36) peut s'écrire, en vertu des égalités (39),

$$\Pi = RT(\rho_1\sigma_1 + \rho_2\sigma_2 + \ldots + \rho_n\sigma_n). \tag{42}$$

Les égalités (38) deviennent, en vertu des égalités (39),

$$(43)\quad \begin{cases} RT\sigma_1 \log \rho_1 + V + \gamma_1 = 0, \\ RT\sigma_2 \log \rho_2 + V + \gamma_2 = 0, \\ \dots\dots\dots\dots \quad \dots\dots\dots, \\ RT\sigma_n \log \rho_n + V + \gamma_n = 0. \end{cases}$$

Les densités $\rho_1, \rho_2, \dots, \rho_n$ seront déterminées respectivement par la première, la deuxième, ..., la $n^{\text{ième}}$ égalité (43), pourvu que l'on joigne à chacune de ces égalités celle des égalités

$$(44)\quad \begin{cases} \int \rho_1\, dv = M_1, \\ \int \rho_2\, dv = M_2, \\ \dots\dots\dots\dots, \\ \int \rho_n\, dv = M_n \end{cases}$$

qui lui correspond; la pression Π sera déterminée ensuite par l'égalité (42). L'égalité (41) résultant ici des égalités (42) et (43), il sera inutile d'en faire usage.

Or imaginons que la masse M_1 du gaz 1 soit répandue seule dans le volume occupé par le mélange précédent, ses divers éléments de masse étant encore soumis à la force extérieure dont V est la fonction potentielle. Sa densité serait déterminée par les équations

$$\begin{cases} RT\sigma_1 \log \rho_1 + V + \gamma_1 = 0, \\ \int \rho_1\, dv = M_1. \end{cases}$$

La pression serait donnée par l'égalité

$$\Pi_1 = RT\rho_1\sigma_1.$$

Les gaz 2, ..., n donnent lieu à des remarques analogues. Ces remarques conduisent au théorème suivant :

Des masses $M_1, M_2, \dots, M_n$ *de gaz parfaits* 1, 2, ..., n *sont distribuées dans un certain volume sous l'action de forces extérieures qui admettent une fonction potentielle* V. *Chacune de ces masses se distribue comme si elle occupait seule le même volume sous l'action de forces admettant la même fonction potentielle. La pression en un point du mélange est égale à la somme des pressions au même point de chacun des gaz mélangés, isolément considéré.*

Soient $P_1, P_2, \ldots, P_n$ les valeurs de $\rho_1, \rho_2, \ldots, \rho_n$, en un point, arbitrairement choisi, où la fonction potentielle a la valeur U. Les équations (43) donneront

$$(45) \quad \begin{cases} \rho_1 = P_1 e^{\frac{U-V}{RT\sigma_1}}, \\ \rho_2 = P_2 e^{\frac{U-V}{RT\sigma_2}}, \\ \ldots\ldots\ldots\ldots, \\ \rho_n = P_n e^{\frac{U-V}{RT\sigma_n}}, \end{cases}$$

tandis que l'égalité (42) deviendra

$$(46) \qquad \Pi = RT\left(P_1 e^{\frac{U-V}{RT\sigma_1}} + P_2 e^{\frac{U-V}{RT\sigma_2}} + \ldots + P_n e^{\frac{U-V}{RT\sigma_n}}\right).$$

Ces formules (45) et (46) permettent de déterminer la densité et la composition de l'atmosphère à diverses hauteurs.

Ces formules sont admises depuis longtemps; nous les avons ici déduites de la définition, donnée par M. J. Willard Gibbs, d'un mélange de gaz parfaits; souvent, au contraire, elles ont été prises comme hypothèses fondamentales propres à établir les propriétés d'un mélange de gaz parfaits ([1]).

§ IV. — Autre solution du problème de l'équilibre d'un mélange de fluides.

Lorsque, dans un Chapitre ultérieur, nous chercherons à établir les équations du mouvement d'un système formé de plusieurs fluides mélangés, il nous sera nécessaire de faire usage non pas

---

([1]) Lord RAYLEIGH, *On the work that may be gained during the mixing of gases* (*Philosophical Magazine*, 4e série, t. XLIX, p. 311; 1875). — CARL NEUMANN, *Bemerkungen zur mechanischen Theorie der Wärme*, § 15 : *Ueber die Vertheilung eines Gasgemenges unter dem Einfluss der Schwere oder ähnlicher Kräfte* (*Berichte der math.-phys. Classe der Königl. Sächs. Gesellschaft der Wissenschaften zu Leipzig*, p. 126; 1891).

des variables

$$\mu_1, \quad \mu_2, \quad \ldots, \quad \mu_n, \quad \rho,$$

mais des variables

$$\rho_1, \quad \rho_2, \quad \ldots, \quad \rho_n$$

que nous avons introduites au § V du Chapitre I; nous allons dès maintenant nous proposer d'étudier le problème de l'équilibre d'un mélange de fluides en adoptant ce système de variables indépendantes; ce système de variables nous permettra d'ailleurs de donner plus de généralité à nos hypothèses sur les forces extérieures.

Soient donc $\rho_1, \rho_2, \ldots, \rho_n$ les densités partielles que les n fluides mélangés ont au point (x, y, z), densités dont la somme reproduit ρ.

Au point (x, y, z) se trouve un point matériel de chacun des n fluides mélangés; dans une modification virtuelle du système, chacun de ces n points éprouve un déplacement virtuel, et ces n déplacements virtuels ne sont pas forcément identiques entre eux. Désignons ces n déplacements virtuels par

$$(\delta_1 x, \delta_1 y, \delta_1 z), \quad (\delta_2 x, \delta_2 y, \delta_2 z), \quad \ldots, \quad (\delta_n x, \delta_n y, \delta_n z).$$

Ces déplacements seront assujettis à une seule condition; la surface qui est, avant le déplacement, la limite du mélange, se déforme dans la modification virtuelle, mais l'ensemble des n fluides continue à être limité par une surface unique; aucune portion d'aucun de ces n fluides ne cesse d'être mélangée avec chacun des $(n-1)$ autres fluides; cette condition exige qu'en tout point de la surface limite les n quantités

$$\begin{array}{l}
\cos(n_i, x)\,\delta_1 x + \cos(n_i, y)\,\delta_1 y + \cos(n_i, z)\,\delta_1 z, \\
\cos(n_i, x)\,\delta_2 x + \cos(n_i, y)\,\delta_2 y + \cos(n_i, z)\,\delta_2 z, \\
\ldots\ldots\ldots\ldots\ldots\ldots\ldots\ldots\ldots\ldots\ldots\ldots, \\
\cos(n_i, x)\,\delta_n x + \cos(n_i, y)\,\delta_n y + \cos(n_i, z)\,\delta_n z
\end{array}$$

aient une même valeur que nous désignerons par

$$\cos(n_i, x)\,\delta y + \cos(n_i, y)\,\delta y + \cos(n_i, z)\,\delta z.$$

Nous admettrons que le travail virtuel des forces extérieures ait pour expression

$$(47)\quad \left\{\begin{aligned} d\mathfrak{E}_e = & \mathbf{S}\, P\,[\cos(P, x)\,\delta x + \cos(P, y)\,\delta y + \cos(P, z)\,\delta z]\,dS \\ & + \int \rho_1 (X_1\,\delta_1 x + Y_1\,\delta_1 y + Z_1\,\delta_1 z)\,dv \\ & + \int \rho_2 (X_2\,\delta_2 x + Y_2\,\delta_2 y + Z_2\,\delta_2 z)\,dv \\ & + \ldots\ldots\ldots\ldots\ldots\ldots\ldots\ldots \\ & + \int \rho_n (X_n\,\delta_n x + Y_n\,\delta_n y + Z_n\,\delta_n z)\,dv. \end{aligned}\right.$$

Nous retrouverions le cas traité au § I si nous supposions que l'on ait

$$(48)\quad \left\{\begin{aligned} X_1 &= X_2 = \ldots = X_n = -\frac{\partial V}{\partial x}, \\ Y_1 &= Y_2 = \ldots = Y_n = -\frac{\partial V}{\partial y}, \\ Z_1 &= Z_2 = \ldots = Z_n = -\frac{\partial V}{\partial z}. \end{aligned}\right.$$

Ici, nous ne ferons pas cette hypothèse; nous supposerons seulement que les $3n$ quantités

$$\begin{matrix} X_1, & X_2, & \ldots, & X_n, \\ Y_1, & Y_2, & \ldots, & Y_n, \\ Z_1, & Z_2, & \ldots, & Z_n \end{matrix}$$

sont des fonctions déterminées de x, y, z.

Nous commencerons par considérer une modification virtuelle où chaque élément de volume se déplace en gardant sa densité et sa composition, et par exprimer que, pour une telle modification virtuelle, on doit avoir

$$d\mathfrak{E}_e \leqq 0.$$

Cette condition, traitée soit par la méthode de Clairaut, soit par la méthode de Lagrange, nous conduira aux propositions suivantes :

Il doit exister une fonction $\Pi(x, y, z)$, *qui est uniforme*, *finie et continue; qui, en outre, n'est jamais négative, dans l'espace occupé par le fluide; qui, enfin, est telle que l'on ait :*

1° *En tout point de la surface du fluide,*

$$(49)\quad \begin{cases} P\cos(P, x) = \Pi\cos(n_i, x), \\ P\cos(P, y) = \Pi\cos(n_i, y), \\ P\cos(P, z) = \Pi\cos(n_i, z); \end{cases}$$

2° *En tout point du fluide,*

$$(50)\quad \begin{cases} \rho_1 X_1 + \rho_2 X_2 + \ldots + \rho_n X_n = \dfrac{\partial \Pi}{\partial x}, \\ \rho_1 Y_1 + \rho_2 Y_2 + \ldots + \rho_n Y_n = \dfrac{\partial \Pi}{\partial y}, \\ \rho_1 Z_1 + \rho_2 Z_2 + \ldots + \rho_n Z_n = \dfrac{\partial \Pi}{\partial z}. \end{cases}$$

Nous considérerons ensuite la modification virtuelle la plus générale et nous exprimerons que, pour une telle modification, on a

$$(51)\quad d\mathfrak{F}_e - \delta\mathfrak{F} = 0.$$

Proposons-nous de former l'expression de $\delta\mathfrak{F}$.

En vertu de l'égalité (13) du Chapitre I, nous aurons

$$\mathfrak{F} = \int (\rho_1 + \rho_2 + \ldots + \rho_n)\,\xi\, dv.$$

En raisonnant comme au § I, nous trouverons

$$(52)\quad \begin{cases} \delta\mathfrak{F} = \displaystyle\int \delta[(\rho_1 + \rho_2 + \ldots + \rho_n)\,\xi]\, dv \\ \qquad - \displaystyle\mathbf{S} (\rho_1 + \rho_2 + \ldots + \rho_n)\,\xi\,[\cos(n_i, x)\,\delta x + \cos(n_i, y)\,\delta y + \cos(n_i, z)\,\delta z]\, dS. \end{cases}$$

Nous avons évidemment

$$(53)\quad \delta[(\rho_1 + \rho_2 + \ldots + \rho_n)\,\xi] = \left(\xi + \rho\frac{\partial \xi}{\partial \rho_1}\right)\delta\rho_1 + \left(\xi + \rho\frac{\partial \xi}{\partial \rho_2}\right)\delta\rho_2 + \ldots + \left(\xi + \rho\frac{\partial \xi}{\partial \rho_n}\right)\delta\rho_n,$$

et, d'autre part, des formules bien connues nous donnent

$$(54)\quad\left\{\begin{aligned}
\delta\rho_1 &= -\left[\frac{\partial\rho_1}{\partial x}\delta_1 x+\frac{\partial\rho_1}{\partial y}\delta_1 y+\frac{\partial\rho_1}{\partial z}\delta_1 z+\rho_1\left(\frac{\partial\,\delta_1 x}{\partial x}+\frac{\partial\,\delta_1 y}{\partial y}+\frac{\partial\,\delta_1 z}{\partial z}\right)\right],\\
\delta\rho_2 &= -\left[\frac{\partial\rho_2}{\partial x}\delta_2 x+\frac{\partial\rho_2}{\partial y}\delta_2 y+\frac{\partial\rho_2}{\partial z}\delta_2 z+\rho_2\left(\frac{\partial\,\delta_2 x}{\partial x}+\frac{\partial\,\delta_2 y}{\partial y}+\frac{\partial\,\delta_2 z}{\partial z}\right)\right],\\
&\cdots\cdots\cdots\cdots\cdots\cdots\cdots\cdots\cdots\cdots\\
\delta\rho_n &= -\left[\frac{\partial\rho_n}{\partial x}\delta_n x+\frac{\partial\rho_n}{\partial y}\delta_n y+\frac{\partial\rho_n}{\partial z}\delta_n z+\rho_n\left(\frac{\partial\,\delta_n x}{\partial x}+\frac{\partial\,\delta_n y}{\partial y}+\frac{\partial\,\delta_n z}{\partial z}\right)\right].
\end{aligned}\right.$$

La première des égalités (54) nous permet d'écrire

$$\int\left(\xi+\rho\frac{\partial\xi}{\partial\rho_1}\right)\delta\rho_1\,dv=-\int\left(\xi+\rho\frac{\partial\xi}{\partial\rho_1}\right)\left[\frac{\partial(\rho_1\,\delta_1 x)}{\partial x}+\frac{\partial(\rho_1\,\delta_1 y)}{\partial y}+\frac{\partial(\rho_1\,\delta_1 z)}{\partial z}\right].$$

Une intégration par parties et l'égalité

$$\begin{aligned}
&\cos(n_i,x)\,\delta_1 x+\cos(n_i,y)\,\delta_1 y+\cos(n_i,z)\,\delta_1 z\\
&=\cos(n_i,x)\,\delta x\ +\cos(n_i,y)\,\delta y\ +\cos(n_i,z)\,\delta z
\end{aligned}$$

transforment l'égalité précédente en

$$\begin{aligned}
&\int\left(\xi+\rho\frac{\partial\xi}{\partial\rho_1}\right)\delta\rho_1\,dv\\
&\quad=\int\rho_1\left[\frac{\partial}{\partial x}\left(\xi+\rho\frac{\partial\xi}{\partial\rho_1}\right)\delta_1 x+\frac{\partial}{\partial y}\left(\xi+\rho\frac{\partial\xi}{\partial\rho_1}\right)\delta_1 y+\frac{\partial}{\partial z}\left(\xi+\rho\frac{\partial\xi}{\partial\rho_1}\right)\delta_1 z\right]dv\\
&\quad+\mathbf{S}\,\rho_1\left(\xi+\rho\frac{\partial\xi}{\partial\rho_1}\right)[\cos(n_i,x)\,\delta x+\cos(n_i,y)\,\delta y+\cos(n_i,z)\,\delta z]\,dS.
\end{aligned}$$

Des démonstrations analogues permettent d'écrire

$$(55)\quad\left\{\begin{aligned}
&\int\left[\left(\xi+\rho\frac{\partial\xi}{\partial\rho_1}\right)\delta\rho_1+\left(\xi+\rho\frac{\partial\xi}{\partial\rho_2}\right)\delta\rho_2+\ldots+\left(\xi+\rho\frac{\partial\xi}{\partial\rho_n}\right)\delta\rho_n\right]dv\\
&\quad=\int\rho_1\left[\frac{\partial}{\partial x}\left(\xi+\rho\frac{\partial\xi}{\partial\rho_1}\right)\delta_1 x+\frac{\partial}{\partial y}\left(\xi+\rho\frac{\partial\xi}{\partial\rho_1}\right)\delta_1 y+\frac{\partial}{\partial z}\left(\xi+\rho\frac{\partial\xi}{\partial\rho_1}\right)\delta_1 z\right]dv\\
&\quad+\int\rho_2\left[\frac{\partial}{\partial x}\left(\xi+\rho\frac{\partial\xi}{\partial\rho_2}\right)\delta_2 x+\frac{\partial}{\partial y}\left(\xi+\rho\frac{\partial\xi}{\partial\rho_2}\right)\delta_2 y+\frac{\partial}{\partial z}\left(\xi+\rho\frac{\partial\xi}{\partial\rho_2}\right)\delta_2 z\right]dv\\
&\quad+\cdots\cdots\cdots\cdots\cdots\cdots\cdots\cdots\cdots\cdots\\
&\quad+\int\rho_n\left[\frac{\partial}{\partial x}\left(\xi+\rho\frac{\partial\xi}{\partial\rho_n}\right)\delta_n x+\frac{\partial}{\partial y}\left(\xi+\rho\frac{\partial\xi}{\partial\rho_n}\right)\delta_n y+\frac{\partial}{\partial z}\left(\xi+\rho\frac{\partial\xi}{\partial\rho_n}\right)\delta_n z\right]dv\\
&\quad+\mathbf{S}\,\rho\left(\xi+\rho_1\frac{\partial\xi}{\partial\rho_1}+\rho_2\frac{\partial\xi}{\partial\rho_2}+\ldots+\rho_n\frac{\partial\xi}{\partial\rho_n}\right)\\
&\qquad\times[\cos(n_i,x)\,\delta x+\cos(n_i,y)\,\delta y+\cos(n_i,z)\,\delta z]\,dS.
\end{aligned}\right.$$

Les égalités (47), (49), (51), (52), (53) et (55) donnent l'égalité suivante :

$$(56)\quad \left\{\begin{aligned}
&\int \rho_1 \Big\{ \Big[\frac{\partial}{\partial x}\Big(\xi + \rho\frac{\partial \xi}{\partial \rho_1}\Big) - X_1\Big]\delta_1 x + \Big[\frac{\partial}{\partial y}\Big(\xi + \rho\frac{\partial \xi}{\partial \rho_1}\Big) - Y_1\Big]\delta_1 y \\
&\qquad\qquad + \Big[\frac{\partial}{\partial z}\Big(\xi + \rho\frac{\partial \xi}{\partial \rho_1}\Big) - Z_1\Big]\delta_1 z \Big\} dv \\
&+ \int \rho_2 \Big\{ \Big[\frac{\partial}{\partial x}\Big(\xi + \rho\frac{\partial \xi}{\partial \rho_2}\Big) - X_2\Big]\delta_2 x + \Big[\frac{\partial}{\partial y}\Big(\xi + \rho\frac{\partial \xi}{\partial \rho_2}\Big) - Y_2\Big]\delta_2 y \\
&\qquad\qquad + \Big[\frac{\partial}{\partial z}\Big(\xi + \rho\frac{\partial \xi}{\partial \rho_2}\Big) - Z_2\Big]\delta_2 z \Big\} dv \\
&+ \ldots\ldots\ldots\ldots\ldots\ldots\ldots\ldots \\
&+ \int \rho_n \Big\{ \Big[\frac{\partial}{\partial x}\Big(\xi + \rho\frac{\partial \xi}{\partial \rho_n}\Big) - X_n\Big]\delta_n x + \Big[\frac{\partial}{\partial y}\Big(\xi + \rho\frac{\partial \xi}{\partial \rho_n}\Big) - Y_n\Big]\delta_n y \\
&\qquad\qquad + \Big[\frac{\partial}{\partial z}\Big(\xi + \rho\frac{\partial \xi}{\partial \rho_n}\Big) - Z_n\Big]\delta_n z \Big\} dv \\
&+ \mathrm{S}\, \rho \Big(\rho_1 \frac{\partial \xi}{\partial \rho_1} + \rho_2 \frac{\partial \xi}{\partial \rho_2} + \ldots + \rho_n \frac{\partial \xi}{\partial \rho_n} - \mathrm{H}\Big) \\
&\qquad \times [\cos(n_i, x)\,\delta x + \cos(n_i, y)\,\delta y + \cos(n_i, z)\,\delta z]\, dS = 0.
\end{aligned}\right.$$

Or les quantités

$$\begin{array}{lll}
\delta_1 x, & \delta_1 y, & \delta_1 z, \\
\delta_2 x, & \delta_2 y, & \delta_2 z, \\
\ldots & \ldots & \ldots, \\
\delta_n x, & \delta_n y, & \delta_n z
\end{array}$$

ont des valeurs arbitraires en tout point du fluide ; la quantité

$$\cos(n_i, x)\,\delta x + \cos(n_i, y)\,\delta y + \cos(n_i, z)\,\delta z$$

a une valeur arbitraire en tout point de la surface du fluide. Dès lors, d'après l'égalité (56), *il faut que l'on ait :*

1° *En tout point de la masse fluide,*

$$(57)\quad \left\{\begin{array}{lll}
\dfrac{\partial}{\partial x}\Big(\xi + \rho\dfrac{\partial \xi}{\partial \rho_1}\Big) = X_1, & \dfrac{\partial}{\partial y}\Big(\xi + \rho\dfrac{\partial \xi}{\partial \rho_1}\Big) = Y_1, & \dfrac{\partial}{\partial z}\Big(\xi + \rho\dfrac{\partial \xi}{\partial \rho_1}\Big) = Z_1, \\
\dfrac{\partial}{\partial x}\Big(\xi + \rho\dfrac{\partial \xi}{\partial \rho_2}\Big) = X_2, & \dfrac{\partial}{\partial y}\Big(\xi + \rho\dfrac{\partial \xi}{\partial \rho_2}\Big) = Y_2, & \dfrac{\partial}{\partial z}\Big(\xi + \rho\dfrac{\partial \xi}{\partial \rho_2}\Big) = Z_2, \\
\ldots\ldots\ldots, & \ldots\ldots\ldots, & \ldots\ldots\ldots, \\
\dfrac{\partial}{\partial x}\Big(\xi + \rho\dfrac{\partial \xi}{\partial \rho_n}\Big) = X_n, & \dfrac{\partial}{\partial y}\Big(\xi + \rho\dfrac{\partial \xi}{\partial \rho_n}\Big) = Y_n, & \dfrac{\partial}{\partial z}\Big(\xi + \rho\dfrac{\partial \xi}{\partial \rho_n}\Big) = Z_n;
\end{array}\right.$$

2° *En tout point de la surface du fluide,*

$$\rho\left(\rho_1 \frac{\partial\xi}{\partial\rho_1} + \rho_2 \frac{\partial\xi}{\partial\rho_2} + \ldots + \rho_n \frac{\partial\xi}{\partial\rho_n}\right) = \Pi. \tag{58}$$

Dans ces équations, on doit se souvenir que

$$\rho = \rho_1 + \rho_2 + \ldots + \rho_n.$$

Les trois premières équations (16) donnent

$$\rho_1\, d\left(\xi + \rho \frac{\partial\xi}{\partial\rho_1}\right) = \rho_1(X_1\, dx + Y_1\, dy + Z_1\, dz)$$

ou

$$\rho_1\, d\xi + d\left(\rho\rho_1 \frac{\partial\xi}{\partial\rho_1}\right) - \rho \frac{\partial\xi}{\partial\rho_1} d\rho_1 = \rho_1(X_1\, dx + Y_1\, dy + Z_1\, dz).$$

On a de même

$$\rho_2\, d\xi + d\left(\rho\rho_2 \frac{\partial\xi}{\partial\rho_2}\right) - \rho \frac{\partial\xi}{\partial\rho_2} d\rho_2 = \rho_2(X_2\, dx + Y_2\, dy + Z_2\, dz),$$

. . . . ,

$$\rho_n\, d\xi + d\left(\rho\rho_n \frac{\partial\xi}{\partial\rho_n}\right) - \rho \frac{\partial\xi}{\partial\rho_n} d\rho_n = \rho_n(X_n\, dx + Y_n\, dy + Z_n\, dz).$$

Ajoutons membre à membre ces égalités, en tenant compte de l'égalité (50), et nous trouvons que l'on doit avoir, en tout point à l'intérieur du fluide,

$$\rho\, d\xi - \rho\left(\frac{\partial\xi}{\partial\rho_1} d\rho_1 + \frac{\partial\xi}{\partial\rho_2} d\rho_2 + \ldots + \frac{\partial\xi}{\partial\rho_n} d\rho_n\right)$$
$$- d\left[\rho\left(\rho_1 \frac{\partial\xi}{\partial\rho_1} + \rho_2 \frac{\partial\xi}{\partial\rho_2} + \ldots + \rho_n \frac{\partial\xi}{\partial\rho_n}\right)\right] = d\Pi.$$

Mais on a

$$d\xi = \left(\frac{\partial\xi}{\partial\rho_1} d\rho_1 + \frac{\partial\xi}{\partial\rho_2} d\rho_2 + \ldots + \frac{\partial\xi}{\partial\rho_n}\right) d\rho_n.$$

On a donc, en tout point intérieur au fluide,

$$d\left[\rho\left(\rho_1 \frac{\partial\xi}{\partial\rho_1} + \rho_2 \frac{\partial\xi}{\partial\rho_2} + \ldots + \rho_n \frac{\partial\xi}{\partial\rho_n}\right) - \Pi\right] = 0.$$

Si l'on observe, en outre, que l'égalité (58) est vérifiée en tout point de la surface du fluide, on voit que *l'égalité* (58) *doit être vérifiée en tout point du fluide ou de la surface qui le limite.*

Les équations (57) ne peuvent être vérifiées si l'on n'a

$$X_i = -\frac{\partial V_i}{\partial x}, \qquad Y_i = -\frac{\partial V_i}{\partial y}, \qquad Z_i = -\frac{\partial V_i}{\partial z}. \tag{59}$$

Moyennant ces égalités, les équations (57) s'intègrent immédiatement; on voit alors que les conditions qui doivent être vérifiées en tous les points d'un mélange fluide en équilibre sont les suivantes

$$\rho_1\, dV_1 + \rho_2\, dV_2 + \ldots + \rho_n\, dV_n + d\Pi = 0, \tag{50 bis}$$

$$(\rho_1 + \rho_2 + \ldots + \rho_n)\left(\rho_1 \frac{\partial \xi}{\partial \rho_1} + \rho_2 \frac{\partial \xi}{\partial \rho_2} + \ldots + \rho_n \frac{\partial \xi}{\partial \rho_n}\right) - \Pi = 0, \tag{58 bis}$$

$$\left\{\begin{array}{l} \xi + (\rho_1 + \rho_2 + \ldots + \rho_n)\dfrac{\partial \xi}{\partial \rho_1} + V_1 + \gamma_1 = 0, \\ \xi + (\rho_1 + \rho_2 + \ldots + \rho_n)\dfrac{\partial \xi}{\partial \rho_2} + V_2 + \gamma_2 = 0, \\ \ldots\ldots\ldots\ldots\ldots\ldots\ldots\ldots\ldots\ldots, \\ \xi + (\rho_1 + \rho_2 + \ldots + \rho_n)\dfrac{\partial \xi}{\partial \rho_n} + V_n + \gamma_n = 0, \end{array}\right. \tag{57 bis}$$

$\gamma_1, \gamma_2, \ldots, \gamma_n$ étant n constantes.

Si l'on suppose que l'on ait

$$V_1 = V_2 = \ldots = V_n = V,$$

et si l'on tient compte des égalités (27) et (28) du Chapitre I, on retrouve les conditions d'équilibre (4), (19) et (25).

En général, dans un mélange fluide soumis à des forces extérieures telles que celles que nous venons de considérer, les surfaces d'égale pression ne sont plus surfaces d'égale densité ni surfaces d'égale composition; il y a toutefois une exception : elle se présente dans le cas où les forces (X_i, Y_i, Z_i) admettent toutes les mêmes surfaces de niveau; où, en d'autres termes, les fonctions $V_1, V_2, \ldots, V_n$ sont toutes des fonctions d'une même fonction U de x, y, z :

$$V_1 = G_1(U), \qquad V_2 = G_2(U), \qquad \ldots, \qquad V_n = G_n(U). \tag{60}$$

Dans ce cas, les surfaces

$$U = \text{const.}$$

sont non seulement caractérisées par ce fait qu'elles sont surfaces équipotentielles pour toutes les forces extérieures qui agissent sur les diverses parties du fluide, mais encore elles sont surfaces d'égale pression, et aussi surfaces d'égales densités partielles des divers fluides, c'est-à-dire d'égale densité et d'égale composition pour le mélange.

CHAPITRE III.

LE POTENTIEL THERMODYNAMIQUE SOUS PRESSION CONSTANTE.

§ I. — Cas où les forces extérieures se réduisent aux pressions extérieures.

Nous allons examiner, dans le présent Chapitre, un cas particulier du problème traité au Chapitre précédent. Imaginons que les forces appliquées à un mélange fluide se réduisent aux pressions extérieures appliquées aux divers points de la surface de ce mélange; la fonction potentielle V aura, dans toute l'étendue du mélange, une valeur constante que nous pouvons prendre égale à zéro.

L'égalité (4) du Chapitre II se réduit alors à

$$d\Pi = 0,$$

et nous apprend que *la pression doit avoir la même valeur en tout point pris à l'intérieur du mélange ou à sa surface.*

Les égalités (19) et (25) du Chapitre II deviennent alors $(n+1)$ égalités entre les $(n+1)$ inconnues ρ, μ_1, μ_2, ..., μ_n et les $(n+1)$ constantes H, γ_1, γ_2, ..., γ_n; elles nous donnent des égalités de la forme

$$\rho = \text{const.}, \qquad \mu_1 = \text{const.}, \qquad \mu_2 = \text{const.}, \qquad \ldots, \qquad \mu_n = \text{const.},$$

et nous apprennent que *le mélange a, en tout point, même densité et même composition.*

La composition de ce mélange homogène est immédiatement

donnée par les égalités

$$(1)\quad \begin{cases} M_1 = \mu_1(M_1 + M_2 + \ldots + M_n), \\ M_2 = \mu_2(M_1 + M_2 + \ldots + M_n), \\ \ldots\ldots\ldots\ldots\ldots\ldots\ldots\ldots, \\ M_n = \mu_n(M_1 + M_2 + \ldots + M_n). \end{cases}$$

$\mu_1, \mu_2, \ldots, \mu_n$ étant ainsi déterminés, la densité ρ est donnée en fonction de la pression Π par l'égalité (19) du Chapitre II

$$(2)\quad \rho^2 \frac{\partial \zeta(\rho, \mu_1, \mu_2, \ldots, \mu_n)}{\partial \rho} = \Pi.$$

Cette équation est l'*équation de compressibilité* d'une dissolution de composition $(\mu_1, \mu_2, \ldots, \mu_n)$.

§ II. — Potentiel thermodynamique sous la pression constante Π.

Considérons le système soumis à la pression normale, uniforme et constante Π; il admettra un potentiel thermodynamique total

$$(3)\quad \begin{cases} \mathfrak{H} = \int \zeta\rho\, dv + \Pi \int dv \\ \quad = \left(\zeta + \frac{\Pi}{\rho}\right)(M_1 + M_2 + \ldots + M_n). \end{cases}$$

Les équations (1) et (2) du présent Chapitre permettant d'évaluer $\mu_1, \mu_2, \ldots, \mu_n$ et ρ en fonction de $M_1, M_2, \ldots, M_n$ et Π, $\mathfrak{H}$ pourra s'exprimer en fonction de ces dernières variables

$$(4)\quad \mathfrak{H} = \mathfrak{H}(M_1, M_2, \ldots, M_n, \Pi).$$

ζ et ρ ne dépendent de $M_1, M_2, \ldots, M_n$ que par $\mu_1, \mu_2, \ldots, \mu_n$; $\mu_1, \mu_2, \ldots, \mu_n$ sont, d'après les égalités (1), des fonctions homogènes et du degré zéro de $M_1, M_2, \ldots, M_n$; donc, d'après l'égalité (2), $\mathfrak{H}$ *est une fonction homogène et du premier degré des variables* $M_1, M_2, \ldots, M_n$.

Si donc on pose

$$(5)\quad F_1 = \frac{\partial \mathfrak{H}}{\partial M_1}, \qquad F_2 = \frac{\partial \mathfrak{H}}{\partial M_2}, \qquad \ldots, \qquad F_n = \frac{\partial \mathfrak{H}}{\partial M_n},$$

on aura

$$(6)\quad M_1 F_1 + M_2 F_2 + \ldots + M_n F_n = \mathfrak{H}.$$

En outre, les fonctions $F_1, F_2, \ldots, F_n$ seront des fonctions homogènes et du degré zéro de $M_1, M_2, \ldots, M_n$, en sorte que l'on aura

$$(7)\quad \left\{\begin{array}{l} M_1 \dfrac{\partial F_1}{\partial M_1} + M_2 \dfrac{\partial F_1}{\partial M_2} + \ldots + M_n \dfrac{\partial F_1}{\partial M_n} = 0, \\ M_1 \dfrac{\partial F_2}{\partial M_1} + M_2 \dfrac{\partial F_2}{\partial M_2} + \ldots + M_n \dfrac{\partial F_2}{\partial M_n} = 0, \\ \ldots\ldots\ldots\ldots\ldots\ldots\ldots\ldots\ldots\ldots \\ M_1 \dfrac{\partial F_n}{\partial M_1} + M_2 \dfrac{\partial F_n}{\partial M_2} + \ldots + M_n \dfrac{\partial F_n}{\partial M_n} = 0. \end{array}\right.$$

En vertu des identités

$$\frac{\partial F_i}{\partial M_j} = \frac{\partial F_j}{\partial M_i},$$

qui résultent des définitions (5) des fonctions F_i, F_j, les égalités (7) peuvent encore s'écrire

$$(8)\quad \left\{\begin{array}{l} M_1 \dfrac{\partial F_1}{\partial M_1} + M_2 \dfrac{\partial F_2}{\partial M_1} + \ldots + M_n \dfrac{\partial F_n}{\partial M_1} = 0, \\ M_1 \dfrac{\partial F_1}{\partial M_2} + M_2 \dfrac{\partial F_2}{\partial M_2} + \ldots + M_n \dfrac{\partial F_n}{\partial M_2} = 0. \\ \ldots\ldots\ldots\ldots\ldots\ldots\ldots\ldots\ldots\ldots, \\ M_1 \dfrac{\partial F_1}{\partial M_n} + M_2 \dfrac{\partial F_2}{\partial M_n} + \ldots + M_n \dfrac{\partial F_n}{\partial M_n} = 0. \end{array}\right.$$

Ces égalités ont de fréquentes applications.

Cherchons de quelle manière les fonctions $F_1, F_2, \ldots, F_n$ sont reliées à la fonction ζ.

L'égalité (3), jointe à l'égalité (2), permet d'écrire

$$\mathfrak{F} = (M_1 + M_2 + \ldots + M_n)\frac{\partial(\rho\zeta)}{\partial\rho}.$$

De là, nous déduisons

$$(9)\quad \left\{\begin{array}{l} F_1 = \dfrac{\partial \mathfrak{F}}{\partial M_1} = \dfrac{\partial(\rho\zeta)}{\partial\rho} \\ \qquad + (M_1 + M_2 + \ldots + M_n)\dfrac{\partial^2(\rho\zeta)}{\partial\rho^2}\left(\dfrac{\partial\rho}{\partial\mu_1}\dfrac{\partial\mu_1}{\partial M_1} + \dfrac{\partial\rho}{\partial\mu_2}\dfrac{\partial\mu_2}{\partial M_1} + \ldots + \dfrac{\partial\rho}{\partial\mu_n}\dfrac{\partial\mu_n}{\partial M_1}\right) \\ \qquad + (M_1 + M_2 + \ldots + M_n)\left[\dfrac{\partial^2(\rho\xi)}{\partial\rho\,\partial\mu_1}\dfrac{\partial\mu_1}{\partial M_1} + \dfrac{\partial^2(\rho\zeta)}{\partial\rho\,\partial\mu_2}\dfrac{\partial\mu_2}{\partial M_1} + \ldots + \dfrac{\partial^2(\rho\zeta)}{\partial\rho\,\partial\mu_n}\dfrac{\partial\mu_n}{\partial M_1}\right]. \end{array}\right.$$

Mais les égalités (1) donnent

$$\frac{\partial \mu_1}{\partial M_1} = \frac{1}{(M_1+M_2+\ldots+M_n)}\left(1-\frac{M_1}{M_1+M_2+\ldots+M_n}\right),$$

$$\frac{\partial \mu_2}{\partial M_1} = -\frac{M_2}{(M_1+M_2+\ldots+M_n)^2},$$

$$\ldots\ldots\ldots\ldots\ldots\ldots\ldots\ldots,$$

$$\frac{\partial \mu_n}{\partial M_1} = -\frac{M_n}{(M_1+M_2+\ldots+M_n)^2},$$

ou encore

$$(10)\quad \begin{cases} (M_1+M_2+\ldots+M_n)\dfrac{\partial \mu_1}{\partial M_1} = 1-\mu_1, \\ (M_1+M_2+\ldots+M_n)\dfrac{\partial \mu_2}{\partial M_1} = -\mu_2, \\ \ldots\ldots\ldots\ldots\ldots\ldots\ldots\ldots, \\ (M_1+M_2+\ldots+M_n)\dfrac{\partial \mu_n}{\partial M_1} = -\mu_n. \end{cases}$$

D'autre part, l'égalité (2) donne

$$\frac{\partial}{\partial \rho}\left(\rho^2\frac{\partial \zeta}{\partial \rho}\right)\left(\frac{\partial \rho}{\partial \mu_1}\frac{\partial \mu_1}{\partial M_1}+\frac{\partial \rho}{\partial \mu_2}\frac{\partial \mu_2}{\partial M_1}+\ldots+\frac{\partial \rho}{\partial \mu_n}\frac{\partial \mu_n}{\partial M_1}\right)$$
$$+\rho^2\left(\frac{\partial^2 \zeta}{\partial \rho\,\partial \mu_1}\frac{\partial \mu_1}{\partial M_1}+\frac{\partial^2 \zeta}{\partial \rho\,\partial \mu_2}\frac{\partial \mu_2}{\partial M_1}+\ldots+\frac{\partial^2 \zeta}{\partial \rho\,\partial \mu_n}\frac{\partial \mu_n}{\partial M_1}\right)=0,$$

égalité qui transforme l'égalité (9) en

$$F_1 = \frac{\partial(\rho\zeta)}{\partial \rho}+(M_1+M_2+\ldots+M_n)\left(\frac{\partial \zeta}{\partial \mu_1}\frac{\partial \mu_1}{\partial M_1}+\frac{\partial \zeta}{\partial \mu_2}\frac{\partial \mu_2}{\partial M_1}+\ldots+\frac{\partial \zeta}{\partial \mu_n}\frac{\partial \mu_n}{\partial M_1}\right),$$

ce qui, en vertu des égalités (10), devient la première des égalités

$$(11)\quad \begin{cases} F_1 = \zeta+\rho\dfrac{\partial \zeta}{\partial \rho}+(1-\mu_1)\dfrac{\partial \zeta}{\partial \mu_1}-\mu_2\dfrac{\partial \zeta}{\partial \mu_2}-\ldots-\mu_n\dfrac{\partial \zeta}{\partial \mu_n}, \\ F_2 = \zeta+\rho\dfrac{\partial \zeta}{\partial \rho}-\mu_1\dfrac{\partial \zeta}{\partial \mu_1}+(1-\mu_2)\dfrac{\partial \zeta}{\partial \mu_2}-\ldots-\mu_n\dfrac{\partial \zeta}{\partial \mu_n}, \\ \ldots\ldots\ldots\ldots\ldots\ldots\ldots\ldots, \\ F_n = \zeta+\rho\dfrac{\partial \zeta}{\partial \rho}-\mu_1\dfrac{\partial \zeta}{\partial \mu_1}-\mu_1\dfrac{\partial \zeta}{\partial \mu_2}-\ldots+(1-\mu_n)\dfrac{\partial \zeta}{\partial \mu_n}. \end{cases}$$

Les autres s'obtiennent de même.

Ces égalités nous montrent que les fonctions $F_1, F_2, \ldots, F_n$

peuvent s'exprimer en fonction de ρ, μ_1, μ_2, ..., μ_n; ce sont donc bien des fonctions homogènes et du degré zéro de M_1, M_2, ..., M_n.

En vertu des égalités (27 *bis*) du Chapitre I, les égalités (11) peuvent encore s'écrire

$$(12)\qquad \begin{cases} F_1 = \xi + \rho \dfrac{\partial \xi}{\partial \rho_1}, \\ F_2 = \xi + \rho \dfrac{\partial \xi}{\partial \rho_2}, \\ \dots\dots\dots\dots, \\ F_n = \xi + \rho \dfrac{\partial \xi}{\partial \rho_n}, \end{cases}$$

ce qui donne immédiatement l'expression des fonctions F_1, F_2, ..., F_n en fonction des variables ρ_1, ρ_2, ..., ρ_n, T.

Considérons le cas d'un mélange homogène de *deux substances*.

Les égalités (11), jointes aux égalités (19), (21) et (22) du Chapitre I, donneront

$$(13)\qquad \begin{cases} F_1 = Z(s, \rho, T) + \rho \dfrac{\partial Z(s, \rho, T)}{\partial \rho} - 2s(1+s)\dfrac{\partial Z(s, \rho, T)}{\partial s}, \\ F_2 = Z(s, \rho, T) + \rho \dfrac{\partial Z(s, \rho, T)}{\partial \rho} + 2(1+s)\dfrac{\partial Z(s, \rho, T)}{\partial s}. \end{cases}$$

Ces égalités, jointes à l'égalité (19 *bis*) du Chapitre II, permettent d'exprimer F_1 et F_2 en fonction de s, de Π et de T. Elles donneront

$$(14)\qquad \begin{cases} \dfrac{\partial F_1}{\partial s} = \dfrac{\partial}{\partial \rho}\left[Z(s, \rho, T) + \rho \dfrac{\partial Z(s, \rho, T)}{\partial \rho} - 2s(1+s)\dfrac{\partial Z(s, \rho, T)}{\partial s}\right]\dfrac{\partial \rho}{\partial s} \\ \qquad + \dfrac{\partial}{\partial s}\left[Z(s, \rho, T) + \rho \dfrac{\partial Z(s, \rho, T)}{\partial \rho} - 2s(1+s)\dfrac{\partial Z(s, \rho, T)}{\partial s}\right], \\ \dfrac{\partial F_2}{\partial s} = \dfrac{\partial}{\partial \rho}\left[Z(s, \rho, T) + \rho \dfrac{\partial Z(s, \rho, T)}{\partial \rho} + 2(1+s)\dfrac{\partial Z(s, \rho, T)}{\partial s}\right]\dfrac{\partial \rho}{\partial s} \\ \qquad + \dfrac{\partial}{\partial s}\left[Z(s, \rho, T) + \rho \dfrac{\partial Z(s, \rho, T)}{\partial \rho} + 2(1+s)\dfrac{\partial Z(s, \rho, T)}{\partial s}\right]. \end{cases}$$

Les égalités (13) et (14) donnent

$$(15)\qquad F_1 + s F_2 = (1+s)\left[Z(s, \rho, T) + \rho \frac{\partial Z(s, \rho, T)}{\partial \rho}\right],$$

$$(16)\qquad \frac{\partial F_1(s, \Pi, T)}{\partial s} + s \frac{\partial F_2(s, \Pi, T)}{\partial s} = 0.$$

L'égalité (15) est une autre forme, propre aux mélanges de deux substances, de l'égalité (6); l'égalité (16) est une autre forme des égalités (7) et (8); cette égalité (16) a de nombreuses applications.

§ VI. — Nouvelle forme des conditions d'équilibre.

Nous avons introduit les fonctions $F_1, F_2, \ldots, F_n$ par la considération d'un mélange homogène; mais nous pouvons former la valeur de la fonction F_i en tout point (x, y, z) d'un mélange hétérogène; elle y sera définie par l'une des égalités (11). Si l'on formait un mélange homogène qui ait même composition que le mélange considéré au point (x, y, z), et qui soit en équilibre sous une pression normale et uniforme Π égale à la pression au point (x, y, z) du mélange considéré, ce mélange homogène aurait, sous la pression constante Π, un potentiel thermodynamique $\mathfrak{H}$; de plus, on aurait l'égalité

$$\frac{\partial \mathfrak{H}}{\partial M_i} = F_i(x, y, z).$$

L'introduction de ces fonctions $F_i(x, y, z)$ permet de donner une nouvelle forme aux conditions d'équilibre (25) du Chapitre II. Si l'on observe, en effet, que l'on a, en vertu de l'égalité (19) du même Chapitre,

$$\frac{\Pi}{\rho} = \rho \frac{\partial \zeta}{\partial \rho},$$

les égalités (11) permettront de remplacer les égalités (25) du Chapitre II par les égalités

$$(17) \qquad \left\{ \begin{array}{l} V + F_1 + \gamma_1 = 0, \\ V + F_2 + \gamma_2 = 0, \\ \dots\dots\dots\dots\dots, \\ V + F_n + \gamma_n = 0. \end{array} \right.$$

C'est sous cette forme que les a obtenues M. J. Willard Gibbs ([1]).

([1]) J.-W. Gibbs, *On the equilibrium of heterogeneous substances. The conditions of equilibrium for heterogeneous masses under the influence of gravity*, égalités (234) (*Transactions of Academy of Connecticut*, t. III, p. 205; février 1876).

Dans ces égalités, les fonctions F_1, F_2, ..., F_n jouent un rôle tout à fait analogue à la fonction potentielle V des forces extérieures; cette analogie justifie le nom de *fonction potentielle du corps i au sein du mélange* que M. Gibbs donne à la fonction F_i.

Cette analogie est encore plus frappante si, au moyen des égalités (12) du présent Chapitre, on transforme les égalités (57) du Chapitre précédent, qui deviennent

$$\frac{\partial F_i}{\partial x} = X_i, \qquad \frac{\partial F_i}{\partial y} = Y_i, \qquad \frac{\partial F_i}{\partial z} = Z_i. \tag{18}$$

CHAPITRE IV.

STABILITÉ DE L'ÉQUILIBRE D'UN MÉLANGE FLUIDE.

§ I. — Variation seconde du potentiel thermodynamique d'un mélange fluide à surface libre.

Le potentiel thermodynamique interne d'un mélange fluide a pour expression

$$\mathfrak{F} = \int \rho\,\zeta(\rho, \mu_1, \mu_2, \ldots, \mu_n)\,dv,$$

l'intégration s'étendant au volume entier du mélange. Les forces extérieures appliquées à ce mélange se partagent en deux catégories. La première catégorie se compose des forces appliquées aux différentes masses élémentaires du système; les forces de cette catégorie admettent un potentiel

$$\Omega_1 = \int V\rho\,dv.$$

La seconde catégorie se compose des pressions appliquées à la partie déformable de la surface du mélange; ces forces n'admettent pas, en général, de potentiel; elles n'en admettent que dans le cas particulier où la pression a la même valeur en tous les points de la surface déformable du fluide et où cette valeur demeure invariable dans toutes les modifications du système. Si nous désignons par P_0 cette valeur uniforme et constante, le potentiel de la pression extérieure a pour valeur

$$\Omega_2 = P_0 \int dv.$$

Dans ce cas, que nous nommerons le *cas des fluides à surface libre*, le système fluide admet un potentiel thermodynamique total

$$\Phi = \mathcal{F} + \Omega_1 + \Omega_2 = \int (P_0 + \rho V + \rho\zeta)\, dv. \tag{1}$$

Nous allons chercher l'expression générale de la variation seconde de ce potentiel.

La variation première de ce potentiel, obtenue par les méthodes que nous avons indiquées au § I du Chapitre précédent, a pour valeur

$$(2)\quad \left\{ \begin{aligned} \delta\Phi = \int \Big\{ \Big[V + \frac{\partial(\rho\zeta)}{\partial\rho} \Big] \delta\rho + \frac{\partial(\rho\zeta)}{\partial\mu_1}\delta\mu_1 + \frac{\partial(\rho\zeta)}{\partial\mu_2}\delta\mu_2 + \ldots + \frac{\partial(\rho\zeta)}{\partial\mu_n}\delta\mu_n \Big\} dv \\ - \mathbf{S} (P_0 + \rho V + \rho\zeta) [\cos(n_i, x)\,\delta x + \cos(n_i, y)\,\delta y + \cos(n_i, z)\,\delta z]\, dS. \end{aligned} \right.$$

Pour calculer $\delta^2\Phi$, nous allons calculer successivement la variation de chacun des deux termes dont la différence forme $\delta\Phi$.

Nous aurons, en premier lieu,

$$(3)\quad \left\{ \begin{aligned} &\delta \int \Big\{ \Big[V + \frac{\partial(\rho\zeta)}{\partial\rho} \Big] \delta\rho + \frac{\partial(\rho\zeta)}{\partial\mu_1}\delta\mu_1 + \frac{\partial(\rho\zeta)}{\partial\mu_2}\delta\mu_2 + \ldots + \frac{\partial(\rho\zeta)}{\partial\mu_n}\delta\mu_n \Big\} dv \\ &= \int \Big\{ \Big[V + \frac{\partial(\rho\zeta)}{\partial\rho} \Big] \delta^2\rho + \frac{\partial(\rho\zeta)}{\partial\mu_1}\delta^2\mu_1 + \frac{\partial(\rho\zeta)}{\partial\mu_2}\delta^2\mu_2 + \ldots + \frac{\partial(\rho\zeta)}{\partial\mu_n}\delta^2\mu_n \Big\} dv \\ &\quad + \int \Big\{ \frac{\partial^2(\rho\zeta)}{\partial\rho^2}(\delta\rho)^2 + 2\,\delta\rho \Big[\frac{\partial^2(\rho\zeta)}{\partial\mu_1\,\partial\rho}\delta\mu_1 + \frac{\partial^2(\rho\zeta)}{\partial\mu_2\,\partial\rho}\delta\mu_2 + \ldots + \frac{\partial^2(\rho\zeta)}{\partial\mu_n\,\partial\rho}\delta\mu_n \Big] \\ &\qquad + \frac{\partial^2(\rho\zeta)}{\partial\mu_1^2}(\delta\mu_1)^2 + \frac{\partial^2(\rho\zeta)}{\partial\mu_2^2}(\delta\mu_2)^2 + \ldots + \frac{\partial^2(\rho\zeta)}{\partial\mu_n^2}(\delta\mu_n)^2 + 2 \sum_{ij} \frac{\partial^2(\rho\zeta)}{\partial\mu_i\,\partial\mu_j}\delta\mu_i\,\delta\mu_j \Big\} dv \\ &\quad - \mathbf{S} \Big\{ \Big[V + \frac{\partial(\rho\zeta)}{\partial\rho} \Big] \delta\rho + \frac{\partial(\rho\zeta)}{\partial\mu_1}\delta\mu_1 + \frac{\partial(\rho\zeta)}{\partial\mu_2}\delta\mu_2 + \ldots + \frac{\partial(\rho\zeta)}{\partial\mu_n}\delta\mu_n \Big\} \\ &\qquad \times [\cos(n_i, x)\,\delta x + \cos(n_i, y)\,\delta y + \cos(n_i, z)\,\delta z]\, dS. \end{aligned} \right.$$

Nous aurons, en second lieu,

$$(4)\quad \begin{cases} \delta \mathbf{S}(P_0 + \rho V + \rho\zeta)[\cos(n_i, x)\,\delta x + \cos(n_i, y)\,\delta y + \cos(n_i, z)\,\delta z]\,dS \\ = \mathbf{S}\rho\left(\frac{\partial V}{\partial x}\delta x + \frac{\partial V}{\partial y}\delta y + \frac{\partial V}{\partial z}\delta z\right)[\cos(n_i, x)\,\delta x + \cos(n_i, y)\,\delta y + \cos(n_i, z)\,\delta z]\,dS \\ \quad + \mathbf{S}\left\{\left[V + \frac{\partial(\rho\zeta)}{\partial\rho}\right]\delta\rho + \frac{\partial(\rho\zeta)}{\partial\mu_1}\delta\mu_1 + \frac{\partial(\rho\zeta)}{\partial\mu_2}\delta\mu_2 + \ldots + \frac{\partial(\rho\zeta)}{\partial\mu_n}\delta\mu_n\right\} \\ \qquad\qquad \times [\cos(n_i, x)\,\delta x + \cos(n_i, y)\,\delta y + \cos(n_i, z)\,\delta z]\,dS \\ \quad + \mathbf{S}(P_0 + \rho V + \rho\zeta)\,\delta\{[\cos(n_i, x)\,\delta x + \cos(n_i, y)\,\delta y + \cos(n_i, z)\,\delta z]\,dS\}. \end{cases}$$

Les égalités (2), (3), (4) nous donnent

$$(5)\quad \begin{cases} \delta^2\Phi = \int\left[\frac{\partial^2(\rho\zeta)}{\partial\rho^2}\delta\rho^2\right. \\ \qquad + 2\frac{\partial^2(\rho\zeta)}{\partial\rho\,\partial\mu_1}\delta\rho\,\delta\mu_1 + 2\frac{\partial^2(\rho\zeta)}{\partial\rho\,\partial\mu_2}\delta\rho\,\delta\mu_2 + \ldots + 2\frac{\partial^2(\rho\zeta)}{\partial\rho\,\partial\mu_n}\delta\rho\,\delta\mu_n \\ \qquad \left. + \frac{\partial^2(\rho\zeta)}{\partial\mu_1^2}(\delta\mu_1)^2 + \frac{\partial^2(\rho\zeta)}{\partial\mu_2^2}(\delta\mu_2)^2 + \ldots + \frac{\partial^2(\rho\zeta)}{\partial\mu_n^2}(\delta\mu_n)^2 + 2\sum_{ij}\frac{\partial^2(\rho\zeta)}{\partial\mu_i\,\partial\mu_j}\delta\mu_i\,\delta\mu_j\right]dv \\ \quad + \int\left\{\left[V + \frac{\partial(\rho\zeta)}{\partial\rho}\right]\delta^2\rho + \frac{\partial(\rho\zeta)}{\partial\mu_1}\delta^2\mu_1 + \frac{\partial(\rho\zeta)}{\partial\mu_2}\delta^2\mu_2 + \ldots + \frac{\partial(\rho\zeta)}{\partial\mu_n}\delta^2\mu_n\right\}dv \\ \quad - 2\mathbf{S}\left\{\left[V + \frac{\partial(\rho\zeta)}{\partial\rho}\right]\delta\rho + \frac{\partial(\rho\zeta)}{\partial\mu_1}\delta\mu_1 + \frac{\partial(\rho\zeta)}{\partial\mu_2}\delta\mu_2 + \ldots + \frac{\partial(\rho\zeta)}{\partial\mu_n}\delta\mu_n\right\} \\ \qquad\qquad \times [\cos(n_i, x)\,\delta x + \cos(n_i, y)\,\delta y + \cos(n_i, z)\,\delta z]\,dS \\ \quad - \mathbf{S}(P_0 + \rho V + \rho\zeta)\,\delta\{[\cos(n_i, x)\,\delta x + \cos(n_i, y)\,\delta y + \cos(n_i, z)\,\delta z]\,dS\} \\ \quad - \mathbf{S}\rho\left(\frac{\partial V}{\partial x}\delta y + \frac{\partial V}{\partial y}\delta y + \frac{\partial V}{\partial z}\delta z\right) \\ \qquad\qquad \times [\cos(n_i, x)\,\delta x + \cos(n_i, y)\,\delta y + \cos(n_i, z)\,\delta z]\,dS. \end{cases}$$

Cette expression de $\delta^2\Phi$ est générale; elle ne suppose pas que l'on ait

$$\delta\Phi = 0,$$

c'est-à-dire que l'état initial du système soit un état d'équilibre. Nous allons maintenant faire cette hypothèse et nous servir des conditions d'équilibre établies précédemment pour modifier l'expression de $\delta^2\Phi$.

Nous savons que l'on a *identiquement*, en tout point du système,

$$\mu_1 + \mu_2 + \ldots + \mu_n = 1, \tag{6}$$

et, par conséquent,

$$\delta\mu_1 + \delta\mu_2 + \ldots + \delta\mu_n = 0, \tag{7}$$

$$\delta^2\mu_1 + \delta^2\mu_2 + \ldots + \delta^2\mu_n = 0. \tag{8}$$

Considérons les égalités (25) du Chapitre II; multiplions la première par $\delta\mu_1$, la seconde par $\delta\mu_2$, ..., la dernière par $\delta\mu_n$, et ajoutons membre à membre les résultats obtenus; en tenant compte de l'égalité (7), nous trouvons

$$\frac{\partial\zeta}{\partial\mu_1}\delta\mu_1 + \frac{\partial\zeta}{\partial\mu_2}\delta\mu_2 + \ldots + \frac{\partial\zeta}{\partial\mu_n}\delta\mu_n + \gamma_1\delta\mu_1 + \gamma_2\delta\mu_2 + \ldots + \gamma_n\delta\mu_n = 0. \tag{9}$$

Reprenons les mêmes égalités (25); multiplions la première par $\delta^2\mu_1$, la seconde par $\delta^2\mu_2$, ..., la dernière par $\delta^2\mu_n$; ajoutons membre à membre les résultats obtenus; en tenant compte de l'égalité (8), nous trouvons

$$\left\{\begin{aligned} &\frac{\partial\zeta}{\partial\mu_1}\delta^2\mu_1 + \frac{\partial\zeta}{\partial\mu_2}\delta^2\mu_2 + \ldots + \frac{\partial\zeta}{\partial\mu_n}\delta^2\mu_n \\ &+ \gamma_1\delta^2\mu_1 + \gamma_2\delta^2\mu_2 + \ldots + \gamma_n\delta^2\mu_n = 0. \end{aligned}\right. \tag{10}$$

Nous avons également (Chapitre II, égalité (15 *bis*)]

$$V + \frac{\partial(\rho\zeta)}{\partial\rho} + \gamma_1\mu_1 + \gamma_2\mu_2 + \ldots + \gamma_n\mu_n = 0. \tag{11}$$

Ces égalités (9), (10), (11) sont exactes en tout point du fluide et de la surface qui le limite.

En outre, en tout point de la surface qui limite le fluide, on a [Chapitre II, égalité (21 *bis*)]

$$P_0 + \rho V + \rho\zeta + \rho(\gamma_1\mu_1 + \gamma_2\mu_2 + \ldots + \gamma_n\mu_n) = 0. \tag{12}$$

En vertu de ces égalités (9), (10), (11), (12), nous pouvons écrire

$$
(13)\left\{
\begin{aligned}
&\int\left\{\left[V+\frac{\partial(\rho\zeta)}{\partial\rho}\right]\delta^2\rho+\frac{\partial(\rho\zeta)}{\partial\mu_1}\delta^2\mu_1+\frac{\partial(\rho\zeta)}{\partial\mu_2}\delta^2\mu_2+\ldots+\frac{\partial(\rho\zeta)}{\partial\mu_n}\delta^2\mu_n\right\}dv\\
&-2\,\mathbf{S}\left\{\left[V+\frac{\partial(\rho\zeta)}{\partial\rho}\right]\delta\rho+\frac{\partial(\rho\zeta)}{\partial\mu_1}\delta\mu_1+\frac{\partial(\rho\zeta)}{\partial\mu_2}\delta\mu_2+\ldots+\frac{\partial(\rho\zeta)}{\partial\mu_n}\delta\mu_n\right\}\\
&\qquad\times[\cos(n_i,x)\,\delta x+\cos(n_i,y)\,\delta y+\cos(n_i,z)\,\delta z]\,dS\\
&-\mathbf{S}\,(P_0+\rho V+\rho\zeta)\,\delta\{[\cos(n_i,x)\,\delta x+\cos(n_i,y)\,\delta y+\cos(n_i,z)\,\delta z]\,dS\}\\
&=-\int[\gamma_1(\mu_1\,\delta^2\rho+\rho\,\delta^2\mu_1)+\gamma_2(\mu_2\,\delta^2\rho+\rho\,\delta^2\mu_2)+\ldots+\gamma_n(\mu_n\,\delta^2\rho+\rho\,\delta^2\mu_n)]\,dv\\
&+2\,\mathbf{S}\,[\gamma_1(\mu_1\,\delta\rho+\rho\,\delta\mu_1)+\gamma_2(\mu_2\,\delta\rho+\rho\,\delta\mu_2)+\ldots+\gamma_n(\mu_n\,\delta\rho+\rho\,\delta\mu_n)]\\
&+\mathbf{S}\,\rho\,(\gamma_1\mu_1+\gamma_2\mu_2+\ldots+\gamma_n\mu_n)\\
&\times\delta\{[\cos(n_i,x)\,\delta x+\cos(n_i,y)\,\delta y+\cos(n_i,z)\,\delta z]\,dS\}.
\end{aligned}\right.
$$

Considérons l'égalité [Chapitre I, égalité (4)]

$$\int\mu_1\rho\,dv=M_1.$$

La masse M_1 du corps 1 que le système renferme étant essentiellement invariable, nous devons avoir

$$(14)\qquad \delta\int\mu_1\rho\,dv=0,$$

$$(15)\qquad \delta^2\int\mu_1\rho\,dv=0.$$

Or nous trouverons sans peine

$$
(16)\left\{
\begin{aligned}
\delta\int\mu_1\rho\,dv=&\int(\mu_1\,\delta\rho+\rho\,\delta\mu_1)\,dv\\
&-\mathbf{S}\,\rho\mu_1[\cos(n_i,x)\,\delta x+\cos(n_i,y)\,\delta y+\cos(n_i,z)\,\delta z]\,dS.
\end{aligned}\right.
$$

Les égalités (14) et (16) nous donnent la première des égalités

$$
(17)\left\{
\begin{aligned}
&\int(\mu_1\,\delta\rho+\rho\,\delta\mu_1)\,dv-\mathbf{S}\,\rho\mu_1[\cos(n_i,x)\delta x+\cos(n_i,y)\delta y+\cos(n_i,z)\delta z]\,dS=0,\\
&\int(\mu_2\,\delta\rho+\rho\,\delta\mu_2)\,dv-\mathbf{S}\,\rho\mu_2[\cos(n_i,x)\delta x+\cos(n_i,y)\delta y+\cos(n_i,z)\delta z]\,dS=0,\\
&\ldots\ldots\ldots\ldots\ldots\ldots\ldots\ldots\ldots\ldots\ldots\ldots\ldots\ldots,\\
&\int(\mu_n\,\delta\rho+\rho\,\delta\mu_n)\,dv-\mathbf{S}\,\rho\mu_n[\cos(n_i,x)\delta x+\cos(n_i,y)\delta y+\cos(n_i,z)\delta z]\,dS=0;
\end{aligned}\right.
$$

Les égalités suivantes s'établissent d'une manière analogue. Nous aurons ensuite

$$(18)\quad \begin{cases} \delta \int (\mu_1\,\delta\rho - \rho\,\delta\mu_1)\,dv \\ \quad = \int (\mu_1\,\delta^2\rho + \rho\,\delta^2\mu_1 + 2\,\delta\rho\,\delta\mu_1)\,dv \\ \quad\quad - \mathbf{S}(\mu_1\,\delta\rho + \rho\,\delta\mu_1)[\cos(n_i, x)\,\delta x + \cos(n_i, y)\,\delta y + \cos(n_i, z)\,\delta z]\,dS, \end{cases}$$

$$(19)\quad \begin{cases} \delta \mathbf{S}\,\rho\mu_1[\cos(n_i, x)\,\delta x + \cos(n_i, y)\,\delta y + \cos(n_i, z)\,\delta z]\,dS \\ \quad = \mathbf{S}(\mu_1\,\delta\rho + \rho\,\delta\mu_1)[\cos(n_i, x)\,\delta x + \cos(n_i, y)\,\delta y + \cos(n_i, z)\,\delta z]\,dS \\ \quad\quad + \mathbf{S}\,\rho\mu_1\,\delta\{[\cos(n_i, x)\,\delta x + \cos(n_i, y)\,\delta y + \cos(n_i, z)\,\delta z]\,dS\}. \end{cases}$$

Les égalités (15), (16), (18) et (19) donnent la première des égalités

$$(20)\quad \begin{cases} \int (\mu_1\,\delta^2\rho + \rho\,\delta^2\mu_1 + 2\,\delta\rho\,\delta\mu_1)\,dv \\ \quad - 2\,\mathbf{S}(\mu_1\,\delta\rho + \rho\,\delta\mu_1)[\cos(n_i, x)\delta x + \cos(n_i, y)\delta y + \cos(n_i, z)\delta z]\,dS \\ \quad\quad - \mathbf{S}\,\mu_1\rho\,\delta\{[\cos(n_i, x)\,\delta x + \cos(n_i, y)\,\delta y + \cos(n_i, z)\,\delta z]\,dS\} = 0, \\ \int (\mu_2\,\delta^2\rho + \rho\,\delta^2\mu_2 + 2\,\delta\rho\,\delta\mu_2)\,dv \\ \quad - 2\,\mathbf{S}(\mu_2\,\delta\rho + \rho\,\delta\mu_2)[\cos(n_i, x)\delta x + \cos(n_i, y)\delta y + \cos(n_i, z)\delta z]\,dS \\ \quad\quad - \mathbf{S}\,\mu_2\rho\,\delta\{[\cos(n_i, x)\,\delta x + \cos(n_i, y)\,\delta y + \cos(n_i, z)\,\delta z]\,dS\} = 0, \\ \cdots\cdots\cdots\cdots\cdots\cdots\cdots\cdots\cdots\cdots\cdots\cdots \\ \int (\mu_n\,\delta^2\rho + \rho\,\delta^2\mu_n + 2\,\delta\rho\,\delta\mu_n)\,dv \\ \quad - 2\,\mathbf{S}(\mu_n\,\delta\rho + \rho\,\delta\mu_n)[\cos(n_i, x)\delta x + \cos(n_i, y)\delta y + \cos(n_i, z)\delta z]\,dS \\ \quad\quad - \mathbf{S}\,\mu_n\rho\,\delta\{[\cos(n_i, x)\,\delta x + \cos(n_i, y)\,\delta y + \cos(n_i, z)\,\delta z]\,dS\} = 0. \end{cases}$$

Les autres s'établissent d'une manière analogue.

En vertu des égalités (25), nous pouvons écrire

$$(21)\quad \left\{\begin{aligned}
&\int[\gamma_1(\mu_1\delta^2\rho+\rho\,\delta^2\mu_1)+\gamma_2(\mu_2\delta^2\rho+\rho\,\delta^2\mu_2)+\ldots+\gamma_n(\mu_n\delta^2\rho+\rho\,\delta^2\mu_n)]\,dv\\
&-2\,\mathbf{S}[\gamma_1(\mu_1\delta\rho\;+\rho\,\delta\mu_1)\;+\gamma_2(\mu_2\delta\rho\;+\rho\,\delta\mu_2)\;+\ldots+\gamma_n(\mu_n\delta\rho\;+\rho\,\delta\mu_n)]\\
&\qquad\times[\cos(n_i,x)\,\delta x+\cos(n_i,y)\,\delta y+\cos(n_i,z)\,\delta z]\,dS\\
&-\mathbf{S}(\gamma_1\mu_1+\gamma_2\mu_2+\ldots+\gamma_n\mu_n)\\
&\qquad\times\delta\left\{[\cos(n_i,x)\,\delta x+\cos(n_i,y)\,\delta y+\cos(n_i,z)\,\delta z]\,dS\right\}\\
&=-2\int\delta\rho(\gamma_1\,\delta\mu_1+\gamma_2\,\delta\mu_2+\ldots+\gamma_n\,\delta\mu_n)\,dv.
\end{aligned}\right.$$

D'autre part, en vertu de l'égalité (9),

$$(22)\quad \left\{\begin{aligned}
&\int\delta\rho(\gamma_1\,\delta\mu_1+\gamma_2\,\delta\mu_2+\ldots+\gamma_n\,\delta\mu_n)\,dv\\
&=-\int\delta\rho\left(\frac{\partial\zeta}{\partial\mu_1}\,\delta\mu_1+\frac{\partial\zeta}{\partial\mu_2}\,\delta\mu_2+\ldots+\frac{\partial\zeta}{\partial\mu_n}\,\delta\mu_n\right)dv.
\end{aligned}\right.$$

Les égalités (13), (21) et (22) nous montrent que, *lorsque l'état initial du système est un état d'équilibre,* on peut écrire

$$(23)\quad \left\{\begin{aligned}
&\int\left\{\left[V+\frac{\partial(\rho\zeta)}{\partial\rho}\right]\delta^2\rho+\frac{\partial(\rho\zeta)}{\partial\mu_1}\,\delta^2\mu_1+\frac{\partial(\rho\zeta)}{\partial\mu_2}\,\delta^2\mu_2+\ldots+\frac{\partial(\rho\zeta)}{\partial\mu_n}\,\delta^2\mu_n\right\}dv\\
&-2\,\mathbf{S}\left\{\left[V+\frac{\partial(\rho\zeta)}{\partial\rho}\right]\delta\rho\;+\frac{\partial(\rho\zeta)}{\partial\mu_1}\,\delta\mu_1\;+\frac{\partial(\rho\zeta)}{\partial\mu_2}\,\delta\mu_2\;+\ldots+\frac{\partial(\rho\zeta)}{\partial\mu_n}\,\delta\mu_n\right\}\\
&\qquad\times[\cos(n_i,x)\,\delta x+\cos(n_i,y)\,\delta y+\cos(n_i,z)\,\delta z]\,dS\\
&-\;\mathbf{S}(P_0+\rho V+\rho\zeta)\,\delta\left\{[\cos(n_i,x)\,\delta x+\cos(n_i,y)\,\delta y+\cos(n_i,z)\,\delta z]\,dS\right\}\\
&=-2\int\left(\frac{\partial\zeta}{\partial\mu_1}\,\delta\mu_1+\frac{\partial\zeta}{\partial\mu_2}\,\delta\mu_2+\ldots+\frac{\partial\zeta}{\partial\mu_n}\,\delta\mu_n\right)\delta\rho\,dv.
\end{aligned}\right.$$

Si l'état initial du système est un état d'équilibre, on a, en tout point du système [Chap. II, égalité (4)],

$$\rho\left(\frac{\partial V}{\partial x}\,dx+\frac{\partial V}{\partial y}\,dy+\frac{\partial V}{\partial z}\,dz\right)+\frac{\partial \Pi}{\partial x}\,dx+\frac{\partial \Pi}{\partial y}\,dy+\frac{\partial \Pi}{\partial z}\,dz=0.$$

Or, sur la surface déformable du fluide, Π a, par hypothèse, la valeur constante P_0; V a donc aussi une valeur constante; la surface déformable du fluide est une surface équipotentielle.

Dès lors, si nous désignons par δl la valeur absolue du déplacement dont δx, δy, δz sont les composantes, par l sa direction, nous aurons évidemment

$$\frac{\partial V}{\partial x}\delta x + \frac{\partial V}{\partial y}\delta y + \frac{\partial V}{\partial z}\delta z = \frac{\partial V}{\partial n_i}\cos(l, n_i)\,\delta l,$$

$$\cos(n_i, x)\,\delta x + \cos(n_i, y)\,\delta y + \cos(n_i, z)\,\delta z = \cos(l, n_i)\,\delta l$$

et, par conséquent,

$$(24)\quad \left\{\begin{aligned} &\mathbf{S}\rho\left(\frac{\partial V}{\partial x}\delta x + \frac{\partial V}{\partial y}\delta y + \frac{\partial V}{\partial z}\delta z\right)\\ &\qquad\times[\cos(n_i, x)\,\delta y + \cos(n_i, y)\,\delta y + \cos(n_i, z)\,\delta z]\,dS\\ &= \mathbf{S}\rho\,\frac{\partial V}{\partial n_i}\cos^2(l, n_i)(\delta l)^2\,dS. \end{aligned}\right.$$

Cette égalité exige encore *que l'état initial soit un état d'équilibre*.

Posons

$$(25)\qquad \Theta(\rho, \mu_1, \mu_2, \ldots, \mu_n) = \rho^2\,\frac{\partial \zeta(\rho, \mu_1, \mu_2, \ldots, \mu_n)}{\partial \rho},$$

et remarquons que l'on a

$$\begin{aligned} &\frac{\partial^2(\rho\zeta)}{\partial\rho^2} = 2\frac{\partial\zeta}{\partial\rho} + \rho\,\frac{\partial^2\zeta}{\partial\rho^2} = \frac{1}{\rho}\,\frac{\partial\Theta}{\partial\rho},\\ &\frac{\partial^2(\rho\zeta)}{\partial\rho\,\partial\mu_1} - \frac{\partial\zeta}{\partial\mu_1} = \rho\,\frac{\partial^2\zeta}{\partial\rho\,\partial\mu_1} = \frac{1}{\rho}\,\frac{\partial\Theta}{\partial\mu_1},\\ &\frac{\partial^2(\rho\zeta)}{\partial\rho\,\partial\mu_2} - \frac{\partial\zeta}{\partial\mu_2} = \rho\,\frac{\partial\zeta}{\partial\rho\,\partial\mu_2} = \frac{1}{\rho}\,\frac{\partial\Theta}{\partial\mu_2},\\ &\dots\dots\dots\dots\dots\dots\dots\dots\dots\dots,\\ &\frac{\partial^2(\rho\zeta)}{\partial\rho\,\partial\mu_n} - \frac{\partial\zeta}{\partial\mu_n} = \rho\,\frac{\partial^2\zeta}{\partial\rho\,\partial\mu_n} = \frac{1}{\rho}\,\frac{\partial\Theta}{\partial\mu_n}. \end{aligned}$$

Les égalités (5), (23) et (24) nous montreront que, *lorsque l'état initial est un état d'équilibre, on peut écrire*

$$(26)\quad \left\{\begin{aligned} \delta^2\Phi = \int\Bigg[&\frac{1}{\rho}\,\frac{\partial\Theta}{\partial\rho}(\delta\rho)^2 + \frac{2}{\rho}\,\frac{\partial\Theta}{\partial\mu_1}\delta\rho\,\delta\mu_1 + \frac{2}{\rho}\,\frac{\partial\Theta}{\partial\mu_2}\delta\rho\,\delta\mu_2 + \ldots + \frac{2}{\rho}\,\frac{\partial\Theta}{\partial\mu_n}\delta\mu\,\delta\rho_n\\ &+ \frac{\partial^2(\rho\zeta)}{\partial\mu_1^2}(\delta\mu_1)^2 + \frac{\partial^2(\rho\zeta)}{\partial\mu_2^2}(\delta\mu_2)^2 + \ldots + \frac{\partial^2(\rho\zeta)}{\partial\mu_n^2}(\delta\mu_n)^2\\ &+ 2\sum_{ij}\frac{\partial^2(\rho\zeta)}{\partial\mu_i\,\partial\mu_j}\delta\mu_i\,\delta\mu_j\Bigg]\,dv\\ &- \mathbf{S}\rho\,\frac{\partial V}{\partial n_i}\cos^2(l, n_i)(\delta l)^2\,dS. \end{aligned}\right.$$

Le théorème de Lejeune-Dirichlet, généralisé par la Thermodynamique, nous apprend que, pour que l'équilibre du système soit stable, il suffit que l'on ait

$$\delta^2\Phi > 0 \tag{27}$$

dans tout déplacement virtuel du fluide; *nous admettrons que cette condition suffisante est, en même temps, nécessaire;* nous allons étudier cette condition.

§ II. — Stabilité de l'équilibre d'un mélange homogène.

Supposons que les forces extérieures appliquées au mélange se réduisent à la pression extérieure; dans ce cas, nous savons (Chap. I, § IV) que la pression extérieure sera uniforme si le système est en équilibre et que le mélange aura partout la même composition et la même densité. *Nous admettrons que l'état d'équilibre ainsi défini est stable si la température et la pression extérieure sont maintenues constantes* (1).

Dans ce cas, le terme

$$-\mathbf{S}\,\rho\,\frac{\partial V}{\partial n_i}\cos^2(l, n_i)(\delta l)^2\,dS$$

disparaît de l'expression (26) de $\delta^2\Phi$ et l'inégalité (27) se réduit à

$$\left\{\begin{aligned}\int\Big[&\frac{1}{\rho}\,\frac{\partial\Theta}{\partial\rho}\,(\delta\rho^2) + \frac{2}{\rho}\,\frac{\partial\Theta}{\partial\mu_1}\,\delta\rho\,\delta\mu_1 + \frac{2}{\rho}\,\frac{\partial\Theta}{\partial\mu_2}\,\delta\rho\,\delta\rho_2 + \ldots + \frac{2}{\rho}\,\frac{\partial\Theta}{\partial\mu_n}\,\delta\rho\,\delta\mu_n\\ &+ \frac{\partial^2(\rho\zeta)}{\partial\mu_1^2}\,(\delta\mu_1)^2 + \frac{\partial^2(\rho\zeta)}{\partial\mu_2^2}\,(\delta\mu_2)^2 + \ldots + \frac{\partial^2(\rho\zeta)}{\partial\mu_n^2}\,(\delta\mu_n)^2\\ &+ 2\sum_{ij}\frac{\partial^2(\rho\zeta)}{\partial\mu_i\,\partial\mu_j}\,\delta\mu_i\,\delta\mu_j\Big]\,dv > 0.\end{aligned}\right. \tag{28}$$

(1) Toutefois nous supposerons exclus les déplacements dans lesquels on aurait

$$\mathbf{S}\,[\cos(n_i, x)\,\delta x + \cos(n_i, y)\,\delta y + \cos(n_i, z)\,\delta z]\,dS = 0,$$

et, en outre, en chaque point du fluide,

$$\delta\rho = 0, \qquad \delta\mu_1 = 0, \qquad \delta\mu_2 = 0, \qquad \ldots, \qquad \delta\mu_n = 0.$$

Si, par exemple, on déplaçait d'une manière quelconque, *finie ou infiniment petite*, chacun des éléments de masse du fluide sans altérer la densité et la com-

Cette inégalité doit être vérifiée pour toutes les modifications virtuelles imposées au système.

Nous allons démontrer le théorème suivant :

Pour que l'inégalité (27) *soit vérifiée par toute modification virtuelle imposée au système primitivement homogène, il faut et il suffit que la forme quadratique*

$$(29)\quad \left\{\begin{aligned} &\frac{1}{\rho}\frac{\partial\Theta}{\partial\rho}X^2+\frac{2}{\rho}\frac{\partial\Theta}{\partial\mu_1}XY_1+\frac{2}{\rho}\frac{\partial\Theta}{\partial\mu_2}XY_2+\ldots+\frac{2}{\rho}\frac{\partial\Theta}{\partial\mu_n}XY_n\\ &\quad+\frac{\partial^2(\rho\zeta)}{\partial\mu_1^2}Y_1^2+\frac{\partial^2(\rho\zeta)}{\partial\mu_2^2}Y_2^2+\ldots+\frac{\partial^2(\rho\zeta)}{\partial\mu_n^2}Y_n^2\\ &\quad+2\sum_{ij}\frac{\partial^2(\rho\zeta)}{\partial\mu_i\,\partial\mu_j}Y_iY_j,\end{aligned}\right.$$

dans laquelle la variable X *est entièrement arbitraire, tandis que les variables* $Y_1, Y_2, \ldots, Y_n$ *sont liées par la relation*

$$(30)\qquad Y_1+Y_2+\ldots+Y_n=0,$$

soit une forme déterminée positive.

Que cette condition soit suffisante pour que l'inégalité (28) soit vérifiée, cela est bien évident, car, au premier membre de l'inégalité (28), $\delta\mu_1, \delta\mu_2, \ldots, \delta\mu_n$ sont liés par la relation

$$(7)\qquad \delta\mu_1+\delta\mu_2+\ldots+\delta\mu_n=0.$$

Mais il est moins évident que cette condition soit nécessaire, car les variations $\delta\rho, \delta\mu_1, \delta\mu_2, \ldots, \delta\mu_n$ sont liées non seulement par la relation (7), mais encore par les égalités (17); l'homogénéité du système permet d'écrire celles-ci sous la forme

$$(31)\quad \left\{\begin{aligned} &\mu_1\int\delta\rho\,dv+\rho\int\delta\mu_1\,dv-\rho\mu_1\,\mathrm{S}[\cos(n_i,x)\,\delta x+\cos(n_i,y)\,\delta y+\cos(n_i,z)\,\delta z]\,dS=0,\\ &\mu_2\int\delta\rho\,dv+\rho\int\delta\mu_2\,dv-\rho\mu_2\,\mathrm{S}[\cos(n_i,x)\,\delta x+\cos(n_i,y)\,\delta y+\cos(n_i,z)\,\delta z]\,dS=0,\\ &\ldots\ldots\ldots\ldots\ldots\ldots\ldots\ldots\ldots\ldots\ldots\ldots\ldots\ldots\ldots\ldots\ldots,\\ &\mu_n\int\delta\rho\,dv+\rho\int\delta\mu_n\,dv-\rho\mu_n\,\mathrm{S}[\cos(n_i,x)\,\delta x+\cos(n_i,y)\,\delta y+\cos(n_i,z)\,\delta z]\,dS=0.\end{aligned}\right.$$

position d'aucun d'entre eux, le potentiel thermodynamique interne du système demeurerait constant; ses variations de tous les ordres seraient identiquement nulles; l'équilibre du système est toujours *indifférent* à de tels déplacements.

Ajoutons ces inégalités (31) membre à membre, en observant que l'on a

$$\mu_1 + \mu_2 + \ldots + \mu_n = 1,$$
$$\delta\mu_1 + \delta\mu_2 + \ldots + \delta\mu_n = 0.$$

Nous trouvons la condition

$$(32) \qquad \int \delta\rho\, dv - \rho \mathbf{S} [\cos(n_i, x)\,\delta x + \cos(n_i, y)\,\delta y + \cos(n_i, z)\,\delta z]\, dS = 0.$$

Cette condition (32) transforme les conditions (31) en

$$(33) \qquad \left\{ \begin{array}{l} \int \delta\mu_1\, dv = 0, \\ \int \delta\mu_2\, dv = 0, \\ \ldots\ldots\ldots\ldots, \\ \int \delta\mu_n\, dv = 0. \end{array} \right.$$

Les variations $\delta\mu_1, \delta\mu_2, \ldots, \delta\mu_n, \delta\rho$ sont donc soumises aux conditions (7), (32), (33).

Cela posé, imaginons que la forme quadratique (29) ne soit pas une forme déterminée positive. Nous pourrons trouver un système de valeurs non nulles de X, $Y_1, Y_2, \ldots, Y_n$, vérifiant l'égalité

$$(30) \qquad Y_1 + Y_2 + \ldots + Y_n = 0$$

et la condition

$$(34) \qquad \left\{ \begin{array}{l} \frac{1}{\rho}\frac{\partial\Theta}{\partial\rho} X^2 + \frac{2}{\rho}\frac{\partial\Theta}{\partial\mu_1} XY_1 + \frac{2}{\rho}\frac{\partial\Theta}{\partial\mu_2} XY_2 + \ldots + \frac{2}{\rho}\frac{\partial\Theta}{\partial\mu_n} XY_n \\ \quad + \frac{\partial^2(\rho\zeta)}{\partial\mu_1^2} Y_1^2 + \frac{\partial^2(\rho\zeta)}{\partial\mu_2^2} Y_2^2 + \ldots + \frac{\partial^2(\rho\zeta)}{\partial\mu_n^2} Y_n^2 \\ \qquad\qquad + 2 \sum_{ij} \frac{\partial^2(\rho\zeta)}{\partial\mu_i \partial\mu_j} Y_i Y_j \leqq 0. \end{array} \right.$$

Soit $\lambda(x, y, z)$ une fonction de x, y, z, continue dans l'espace qu'occupe le fluide, et vérifiant l'égalité

$$(35) \qquad \int \lambda(x, y, z)\, dv = 0.$$

On peut évidemment former une infinité de telles fonctions.

Prenons, en chaque point du fluide,

$$(36)\qquad \begin{cases} \delta\rho\ \ = \varepsilon\lambda(x, y, z)\,X, \\ \delta\mu_1 = \varepsilon\lambda(x, y, z)\,Y_1, \\ \delta\mu_2 = \varepsilon\lambda(x, y, z)\,Y_2, \\ \ldots\ldots\ldots\ldots\ldots, \\ \delta\mu_n = \varepsilon\lambda(x, y, z)\,Y_n, \end{cases}$$

ε étant un facteur infiniment petit, positif ou négatif, indépendant de x, y, z; en outre, posons, en chaque point de la surface du fluide,

$$(37)\qquad \cos(n_i, x)\,\delta x + \cos(n_i, y)\,\delta y + \cos(n_i, z)\,\delta z = 0,$$

ce qui revient à ne pas déformer la surface qui limite le fluide.

En vertu des égalités (35) et (37), la variation $\delta\rho$, donnée par la première égalité (36), vérifiera la condition (32); en vertu de l'égalité (35), les variations $\delta\mu_1$, $\delta\mu_2$, ..., $\delta\mu_n$, données par les égalités (36), vérifieront les conditions (33); en vertu de l'égalité (30), elles vérifieront la condition (7); les égalités (36) et (37) définissent donc bien une modification virtuelle du fluide.

Formons, pour cette modification du fluide, l'expression de $\delta^2\Phi$.

Le mélange étant homogène, les quantités

$$\frac{1}{\rho}\frac{\partial\Theta}{\partial\rho},\quad \frac{1}{\rho}\frac{\partial\Theta}{\partial\mu_1},\quad \frac{1}{\rho}\frac{\partial\Theta}{\partial\mu_2},\quad \ldots,\quad \frac{1}{\rho}\frac{\partial\Theta}{\partial\mu_n},$$

$$\frac{\partial^2(\rho\zeta)}{\partial\mu_1^2},\quad \frac{\partial^2(\rho\zeta)}{\partial\mu_2^2},\quad \ldots,\quad \frac{\partial^2(\rho\zeta)}{\partial\mu_n^2},\quad \frac{\partial^2(\rho\zeta)}{\partial\mu_i\,\partial\mu_j}$$

ont des valeurs indépendantes de x, y, z. Nous pouvons donc écrire, en vertu des égalités (36),

$$\begin{aligned}\delta^2\Phi = \varepsilon^2\Big[&\frac{1}{\rho}\frac{\partial\Theta}{\partial\rho}X^2 + \frac{2}{\rho}\frac{\partial\Theta}{\partial\mu_1}XY_1 + \frac{2}{\rho}\frac{\partial\Theta}{\partial\mu_2}XY_2 + \ldots + \frac{2}{\rho}\frac{\partial\Theta}{\partial\mu_n}XY_n \\ &+ \frac{\partial^2(\rho\zeta)}{\partial\mu_1^2}Y_1^2 + \frac{\partial^2(\rho\zeta)}{\partial\mu_2^2}Y_2^2 + \ldots + \frac{\partial^2(\rho\zeta)}{\partial\mu_n^2}Y_n^2 + 2\sum_{ij}\frac{\partial^2(\rho\zeta)}{\partial\mu_i\,\partial\mu_j}Y_i Y_j\Big] \\ &\times\int\lambda^2(x, y, z)\,dv.\end{aligned}$$

Si l'inégalité (34) était exacte, on aurait, contrairement à l'hypothèse,

$$\delta^2\Phi \leqq 0.$$

La condition énoncée est donc non seulement suffisante, mais encore nécessaire.

Cette condition doit être vérifiée pour toute valeur de la densité et de la composition du mélange.

§ III. — Stabilité de l'équilibre d'un fluide à surface libre.

Supposons vérifiée la condition énoncée au paragraphe précédent et revenons au cas général d'un mélange fluide à surface libre; dans quel cas l'équilibre d'un tel mélange sera-t-il stable?

Pour que l'équilibre d'un fluide à surface libre soit stable (¹), *il faut et il suffit qu'en tout point de la surface qui limite le fluide on ait*

$$\frac{\partial V}{\partial n_i} \leqq 0, \tag{38}$$

l'égalité $\frac{\partial V}{\partial n_i} = 0$ *ne pouvant avoir lieu qu'en des points isolés.*

Que cette condition soit suffisante, cela est bien clair, car, si elle est vérifiée, le second terme de l'expression (26) de $\delta^2\Phi$ sera positif, et le premier est déjà positif en vertu de la condition étudiée au paragraphe précédent; il nous suffit donc de démontrer que cette condition est nécessaire.

Imaginons, en effet, que la condition précédente ne soit pas vérifiée; il existerait au moins un certain domaine D, pris sur la surface S, en tout point duquel on aurait

$$\frac{\partial V}{\partial n_i} \geqq 0. \tag{39}$$

(¹) Toutefois, nous supposons exclus de nos recherches les déplacements pour lesquels on aurait, en tout point de la masse fluide,

$$\delta\rho = 0, \quad \delta\mu_1 = 0, \quad \delta\mu_2 = 0, \quad \ldots, \quad \delta\mu_n = 0$$

et, en tout point de la surface terminale,

$$\cos(n_i, x)\,\delta x + \cos(n_i, y)\,\delta y + \cos(n_i, z)\,\delta z = 0.$$

Pour un déplacement qui laisse invariable la forme du fluide, la densité et la composition du mélange contenu dans chacun des éléments du volume occupé par le fluide, l'équilibre du système est *indifférent*.

Aux divers points de la surface D, donnons des déplacements infiniment petits tels que l'on ait

$$(40)\quad \begin{cases} \mathbf{S}\,\delta l \cos(l, n_i)\, dD \\ \quad = \mathbf{S}\,[\cos(n_i, x)\,\delta x + \cos(n_i, y)\,\delta y + \cos(n_i, z)\,\delta z]\, dD = 0. \end{cases}$$

En tout autre point de la surface S, imaginons que l'on ait

$$(41)\quad \delta l \cos(l, n_i) = \cos(n_i, x)\,\delta x + \cos(n_i, y)\,\delta y + \cos(n_i, z)\,\delta z = 0.$$

Enfin, en tout point du fluide, posons

$$(42)\qquad \delta\rho = 0, \quad \delta\mu_1 = 0, \quad \delta\mu_2 = 0, \quad \ldots, \quad \delta\mu_n = 0.$$

En vertu des égalités (42), la condition (7) est vérifiée.

La surface libre étant une surface équipotentielle, la densité et la composition du mélange sont les mêmes [Chap. II, § 1] en tous les points de cette surface; les conditions (17) peuvent s'écrire

$$\int (\mu_1\,\delta\rho + \rho\,\delta\mu_1)\, dv - \rho\mu_1\, \mathbf{S}\,[\cos(n_i, x)\,\delta x + \cos(n_i, y)\,\delta y + \cos(n_i, z)\,\delta z]\, dS = 0,$$

$$\int (\mu_2\,\delta\rho + \rho\,\delta\mu_2)\, dv - \rho\mu_2\, \mathbf{S}\,[\cos(n_i, x)\,\delta x + \cos(n_i, y)\,\delta y + \cos(n_i, z)\,\delta z]\, dS = 0,$$

. . . . ,

$$\int (\mu_n\,\delta\rho + \rho\,\delta\mu_n)\, dv - \rho\mu_n\, \mathbf{S}\,[\cos(n_i, x)\,\delta x + \cos(n_i, y)\,\delta y + \cos(n_i, z)\,\delta z]\, dS = 0.$$

En vertu des égalités (40), (41), (42), ces conditions sont vérifiées; les égalités (40), (41) (42) définissent donc une modification virtuelle du fluide.

Or, en vertu de ces égalités, l'expression (26) de $\delta^2\Phi$ se réduit à

$$\delta^2\Phi = -\,\mathbf{S}\,\frac{\partial V}{\partial n_i}(\delta l)^2 \cos^2(l, n_i)\, dD.$$

Si la condition (39) était vérifiée, on aurait, contrairement à l'hypothèse,

$$\delta^2\Phi \leqq 0.$$

La condition énoncée est donc non seulement suffisante, mais encore nécessaire.

Cette condition peut s'énoncer en disant que *tout élément fluide infiniment voisin de la surface déformable est soumis à une force dirigée vers l'intérieur du fluide.*

Nous n'insisterons pas ici sur la condition nouvelle qui s'introduit lorsqu'on veut exprimer la stabilité de deux mélanges fluides différents superposés; on peut répéter textuellement ce que nous avons dit ailleurs (¹) au sujet de la stabilité de deux fluides superposés.

§ IV. — Autre solution du problème relatif à la stabilité de l'équilibre d'un mélange fluide.

Nous venons de traiter le problème de la stabilité de l'équilibre d'un mélange fluide en prenant, pour variables propres à définir l'état du mélange, les variables

$$\rho, \quad \mu_1, \quad \mu_2, \quad \ldots, \quad \mu_n.$$

Nous allons traiter maintenant le même problème en définissant l'état du mélange au moyen des variables

$$\rho_1, \quad \rho_2, \quad \ldots, \quad \rho_n.$$

Nous ferons sur les forces extérieures appliquées aux divers éléments fluides qui constituent le mélange l'hypothèse qu'elles admettent un potentiel de la forme

$$\Omega_1 = \int (\rho_1 V_1 + \rho_2 V_2 + \ldots + \rho_n V_n)\, dv.$$

En outre, nous supposerons que la surface du fluide est une surface libre, en sorte que les pressions extérieures admettront un potentiel

$$\Omega_2 = P_0 \int dv.$$

Le système admettra alors un potentiel thermodynamique total

$$(43) \quad \left\{ \begin{aligned} \Phi &= \mathfrak{F} + \Omega_1 + \Omega_2 \\ &= \int [P_0 + \rho_1 V_1 + \rho_2 V_2 + \ldots + \rho_n V_n + (\rho_1 + \rho_2 + \ldots + \rho_n)\xi]\, dv. \end{aligned} \right.$$

(¹) P. DUHEM, *Hydrodynamique, Élasticité, Acoustique.* Tome I, page 90. Paris, 1891.

La variation première de ce potentiel a pour valeur

$$(44)\quad \left\{\begin{aligned} \delta\Phi = & \int \left\{ \left[V_1 + \frac{\partial(\rho\xi)}{\partial\rho_1}\right]\delta\rho_1 + \left[V_2 + \frac{\partial(\rho\xi)}{\partial\rho_2}\right]\delta\rho_2 + \ldots + \left[V_n + \frac{\partial(\rho\xi)}{\partial\rho_n}\delta\rho_n\right]\right\} dv \\ & - \mathbf{S}\,[P_0 + \rho_1 V_1 + \rho_2 V_2 + \ldots + \rho_n V_n + \rho\xi] \\ & \qquad \times [\cos(n_i, x)\,\delta x + \cos(n_i, y)\,\delta y + \cos(n_i, z)\,\delta z]\, dS. \end{aligned}\right.$$

Pour calculer $\delta^2\Phi$, calculons successivement la variation de chacun des deux termes dont la différence forme $\delta\Phi$.

Nous aurons, en premier lieu,

$$(45)\quad \left\{\begin{aligned} & \delta\int \left\{ \left[V_1 + \frac{\partial(\rho\xi)}{\partial\rho_1}\right]\delta\rho_1 + \left[V_2 + \frac{\partial(\rho\xi)}{\partial\rho_2}\right]\delta\rho_2 + \ldots + \left[V_n + \frac{\partial(\rho\xi)}{\partial\rho_n}\right]\delta\rho_n \right\} dv \\ & = \int \left\{ \left[V_1 + \frac{\partial(\rho\xi)}{\partial\rho_1}\right]\delta^2\rho_1 + \left[V_2 + \frac{\partial(\rho\xi)}{\partial\rho_2}\right]\delta^2\rho_2 + \ldots + \left[V_n + \frac{\partial(\rho\xi)}{\partial\rho_n}\right]\delta^2\rho_n \right\} dv \\ & + \int \left[\frac{\partial^2(\rho\xi)}{\partial\rho_1^2}(\delta\rho_1)^2 + \frac{\partial^2(\rho\xi)}{\partial\rho_2^2}(\delta\rho_2)^2 + \ldots + \frac{\partial^2(\rho\xi)}{\partial\rho_n^2}(\delta\rho_n)^2 + 2\sum_{ij}\frac{\partial^2(\rho\xi)}{\partial\rho_i\,\partial\rho_j}\delta\rho_i\,\delta\rho_j\right] dv \\ & - \mathbf{S}\left\{ \left[V_1 + \frac{\partial(\rho\xi)}{\partial\rho_1}\right]\delta\rho_1 + \left[V_2 + \frac{\partial(\rho\xi)}{\partial\rho_2}\right]\delta\rho_2 + \ldots + \left[V_n + \frac{\partial(\rho\xi)}{\partial\rho_n}\right]\delta\rho_n \right\} \\ & \qquad \times [\cos(n_i, x)\,\delta x + \cos(n_i, y)\,\delta y + \cos(n_i, z)\,\delta z]\, dS. \end{aligned}\right.$$

Nous aurons, en second lieu,

$$(46)\quad \left\{\begin{aligned} & \delta\,\mathbf{S}\,(P_0 + \rho_1 V_1 + \rho_2 V_2 + \ldots + \rho_n V_n + \rho\xi) \\ & \qquad \times [\cos(n_i, x)\,\delta x + \cos(n_i, y)\,\delta y + \cos(n_i, z)\,\delta z]\, dS \\ & = \mathbf{S}\left[\rho_1\left(\frac{\partial V_1}{\partial x}\delta_1 x + \frac{\partial V_1}{\partial y}\delta_1 y + \frac{\partial V_1}{\partial z}\delta_1 z\right) + \rho_2\left(\frac{\partial V_2}{\partial x}\delta_2 x + \frac{\partial V_2}{\partial y}\delta_2 y + \frac{\partial V_2}{\partial z}\delta_2 z\right)\right. \\ & \qquad\qquad \left. + \ldots + \rho_n\left(\frac{\partial V_n}{\partial x}\delta_n x + \frac{\partial V_n}{\partial y}\delta_n y + \frac{\partial V_n}{\partial z}\delta_n z\right)\right] \\ & \qquad \times [\cos(n_i, x)\,\delta x + \cos(n_i, y)\,\delta y + \cos(n_i, z)\,\delta z]\, dS \\ & + \mathbf{S}\left\{ \left[V_1 + \frac{\partial(\rho\xi)}{\partial\rho_1}\right]\delta\rho_1 + \left[V_2 + \frac{\partial(\rho\xi)}{\partial\rho_2}\right]\delta\rho_2 + \ldots + \left[V_n + \frac{\partial(\rho\xi)}{\partial\rho_n}\right]\delta\rho_n \right\} \\ & \qquad \times [\cos(n_i, x)\,\delta x + \cos(n_i, y)\,\delta y + \cos(n_i, z)\,\delta z]\, dS \\ & + \mathbf{S}\,(P_0 + \rho_1 V_1 + \rho_2 V_2 + \ldots + \rho_n V_n + \rho\xi) \\ & \qquad \times \delta\left\{[\cos(n_i, x)\,\delta x + \cos(n_i, y)\,\delta y + \cos(n_i, z)\,\delta z]\, dS\right\} \end{aligned}\right.$$

Les égalités (44), (45) et (46) nous donnent

$$(47)\quad \left\{\begin{aligned} \delta^2\Phi = & \int\left\{\left[V_1+\frac{\partial(\rho\xi)}{\partial\rho_1}\right]\delta^2\rho_1+\left[V_2+\frac{\partial(\rho\xi)}{\partial\rho_2}\right]\delta^2\rho_2+\ldots+\left[V_n+\frac{\partial(\rho\xi)}{\partial\rho_n}\right]\delta^2\rho_n\right\}dv \\ & -2\,\mathrm{S}\left\{\left[V_1+\frac{\partial(\rho\xi)}{\partial\rho_1}\right]\delta\rho_1+\left[V_2+\frac{\partial(\rho\xi)}{\partial\rho_2}\right]\delta\rho_2+\ldots+\left[V_n+\frac{\partial(\rho\xi)}{\partial\rho_n}\right]\delta\rho_n\right\} \\ & \qquad\times[\cos(n_i,x)\,\delta x+\cos(n_i,y)\,\delta y+\cos(n_i,z)\,\delta z]\,dS \\ & -\mathrm{S}(P_0+\rho_1V_1+\rho_2V_2+\ldots+\rho_nV_n+\rho\xi) \\ & \qquad\times\delta\{[\cos(n_i,x)\,\delta x+\cos(n_i,y)\,\delta y+\cos(n_i,z)\,\delta z]\,dS\} \\ & +\int\left[\frac{\partial^2(\rho\xi)}{\partial\rho_1^2}(\delta\rho_1)^2+\frac{\partial^2(\rho\xi)}{\partial\rho_2^2}(\delta\rho_2)^2+\ldots+\frac{\partial^2(\rho\xi)}{\partial\rho_n^2}(\delta\rho_n)^2+2\sum_{ij}\frac{\partial^2(\rho\xi)}{\partial\rho_i\,\partial\rho_j}\delta\rho_i\,\delta\rho_j\right]dv \\ & -\mathrm{S}\left[\rho_1\left(\frac{\partial V_1}{\partial x}\delta_1x+\frac{\partial V_1}{\partial y}\delta_1y+\frac{\partial V_1}{\partial z}\delta_1z\right)+\rho_2\left(\frac{\partial V_2}{\partial x}\delta_2x+\frac{\partial V_2}{\partial y}\delta_2y+\frac{\partial V_2}{\partial z}\delta_2z\right)\right. \\ & \qquad\qquad\left.+\ldots+\rho_n\left(\frac{\partial V_n}{\partial x}\delta_nx+\frac{\partial V_n}{\partial y}\delta_ny+\frac{\partial V_n}{\partial z}\delta_nz\right)\right] \\ & \qquad\times[\cos(n_i,x)\,\delta x+\cos(n_i,y)\,\delta y+\cos(n_i,z)\,\delta z]\,dS. \end{aligned}\right.$$

Cette expression de $\delta^2\Phi$ est absolument générale; supposons maintenant que l'état initial du système soit un état d'équilibre et voyons quelles simplifications cette hypothèse apportera à l'expression de $\delta^2\Phi$.

En tout point de la masse fluide, nous aurons [Chap. II, égalités (57)]

$$(48)\quad \left\{\begin{aligned} &\frac{\partial(\rho\xi)}{\partial\rho_1}+V_1+\gamma_1=0,\\ &\frac{\partial(\rho\xi)}{\partial\rho_2}+V_2+\gamma_2=0,\\ &\ldots\ldots\ldots\ldots\ldots\ldots,\\ &\frac{\partial(\rho\xi)}{\partial\rho_n}+V_n+\gamma_n=0, \end{aligned}\right.$$

$\gamma_1, \gamma_2, \ldots, \gamma_n$ étant des constantes.

Multiplions respectivement par $\rho_1, \rho_2, \ldots, \rho_n$ les égalités et ajoutons membre à membre les résultats obtenus; nous trouvons

$$\rho\left(\rho_1\frac{\partial\xi}{\partial\rho_1}+\rho_2\frac{\partial\xi}{\partial\rho_2}+\ldots+\rho_n\frac{\partial\xi}{\partial\rho_n}\right)+\rho\xi+\rho_1V_1+\rho_2V_2+\ldots+\rho_nV_n$$
$$+\rho_1\gamma_1+\rho_2\gamma_2+\ldots-\rho_n\gamma_n=0.$$

Or, en tout point du fluide, on a [Chap. II, égalités (58)]

$$\rho\left(\rho_1 \frac{\partial\xi}{\partial\rho_1} + \rho_2 \frac{\partial\xi}{\partial\rho_2} + \ldots + \rho_n \frac{\partial\xi}{\partial\rho_n}\right) - \Pi = 0,$$

et, à la surface du fluide, par hypothèse,

$$\Pi = P_0.$$

Donc, en tout point de la surface du fluide, on a

$$(49)\quad \begin{cases} P_0 + \rho\xi + \rho_1 V_1 + \rho_2 V_2 + \ldots + \rho_n V_n \\ \qquad + \rho_1 \gamma_1 + \rho_2 \gamma_2 + \ldots + \rho_n \gamma_n = 0. \end{cases}$$

En vertu des égalités (48) et (49), on a

$$(50)\quad \begin{cases} \displaystyle\int \left\{\left[V_1 + \frac{\partial(\rho\xi)}{\partial\rho_1}\right]\delta^2\rho_1 + \left[V_2 + \frac{\partial(\rho\xi)}{\partial\rho_2}\right]\delta^2\rho_2 + \ldots + \left[V_n + \frac{\partial(\rho\xi)}{\partial\rho_n}\right]\delta^2\rho_n\right\} dv \\ \displaystyle - 2\,\mathrm{S}\left\{\left[V_1 + \frac{\partial(\rho\xi)}{\partial\rho_1}\right]\delta\rho_1 + \left[V_2 + \frac{\partial(\rho\xi)}{\partial\rho_2}\right]\delta\rho_2 + \ldots + \left[V_n + \frac{\partial(\rho\xi)}{\partial\rho_n}\right]\delta\rho_n\right\} \\ \qquad \times [\cos(n_i, x)\,\delta x + \cos(n_i, y)\,\delta y + \cos(n_i, z)\,\delta z]\, dS \\ \displaystyle - \mathrm{S}(P_0 + \rho_1 V_1 + \rho_2 V_2 + \ldots + \rho_n V_n + \rho\xi) \\ \qquad \times \delta\{[\cos(n_i, x)\,\delta x + \cos(n_i, y)\,\delta y + \cos(n_i, z)\,\delta z]\, dS\} \\ \displaystyle = -\sum_{i=1}^{i=n}\gamma_i\Big(\int \delta^2\rho_i\, dv - 2\,\mathrm{S}\,\delta\rho_i\,[\cos(n_i, x)\delta x + \cos(n_i, y)\delta y + \cos(n_i, z)\delta z]\, dS \\ \displaystyle \qquad - \mathrm{S}\,\rho_i\,\delta\{[\cos(n_i, x)\delta x + \cos(n_i, y)\delta y + \cos(n_i, z)\delta z]\, dS\}\Big). \end{cases}$$

Or la masse $M_i = \int \rho_i\, dv$ du corps i que le mélange renferme est essentiellement constante; les variations de tous les ordres de cette masse sont identiquement nulles, ce qui nous donne, en premier lieu, les égalités

$$(51)\quad \int \delta\rho_i\, dv - \mathrm{S}\,\rho_i[\cos(n_i, x)\,\delta x + \cos(n_i, y)\,\delta y + \cos(n_i, z)\,\delta z]\, dS = 0,$$

et, en second lieu, les égalités

$$(52)\quad \begin{cases} \displaystyle\int \delta^2\rho_i\, dv - 2\,\mathrm{S}\,\delta\rho_i[\cos(n_i, x)\delta x + \cos(n_i, y)\,\delta y + \cos(n_i, z)\,\delta z]\, dS \\ \displaystyle \qquad - \mathrm{S}\,\rho_i\,\delta\{[\cos(n_i, x)\,\delta x + \cos(n_i, y)\,\delta y + \cos(n_i, z)\,\delta z]\, dS\} = 0, \end{cases}$$

En vertu des égalités (50) et (52), l'expression (47) de $\delta^2\Phi$ se réduit à

$$(53)\quad \left\{\begin{aligned} \delta^2\Phi = &\int\left[\frac{\partial^2(\rho\xi)}{\partial\rho_1^2}(\delta\rho_1)^2+\frac{\partial^2(\rho\xi)}{\partial\rho_2^2}(\delta\rho_2)^2+\ldots+\frac{\partial^2(\rho\xi)}{\partial\rho_n^2}(\delta\rho_n)^2+2\sum_{ij}\frac{\partial^2(\rho\xi)}{\partial\rho_i\,\partial\rho_j}\delta\rho_i\,\delta\rho_j\right]dv \\ &-\mathbf{S}\left[\rho_1\left(\frac{\partial V_1}{\partial x}\delta_1 x+\frac{\partial V_1}{\partial y}\delta_1 y+\frac{\partial V_1}{\partial z}\delta_1 z\right)+\rho_2\left(\frac{\partial V_2}{\partial x}\delta_2 x+\frac{\partial V_2}{\partial y}\delta_2 y+\frac{\partial V_2}{\partial z}\delta_2 z\right)\right. \\ &\qquad\left.+\ldots+\rho_n\left(\frac{\partial V_n}{\partial x}\delta_n x+\frac{\partial V_n}{\partial y}\delta_n y+\frac{\partial V_n}{\partial z}\delta_n z\right)\right] \\ &\times[\cos(n_i,x)\delta x+\cos(n_i,y)\delta y+\cos(n_i,z)\delta z]\,dS. \end{aligned}\right.$$

Envisageons d'abord le cas où le système est soustrait à l'action de toute force extérieure autre que la pression normale, uniforme et constante qui agit aux divers points de sa surface déformable; le système en équilibre sera alors homogène; pour que l'équilibre de ce système soit stable, il sera nécessaire et suffisant que l'on ait

$$(54)\quad \int\left[\frac{\partial^2(\rho\xi)}{\partial\rho_1^2}(\delta\rho_1)^2+\frac{\partial^2(\rho\xi)}{\partial\rho_2^2}(\delta\rho_2)^2+\ldots+\frac{\partial^2(\rho\xi)}{\partial\rho_n^2}(\delta\rho_n)^2+2\sum_{ij}\frac{\partial^2(\rho\xi)}{\partial\rho_i\,\partial\rho_j}\delta\rho_i\,\delta\rho_j\right]dv>0,$$

les quantités $\delta\rho_1, \delta\rho_2, \ldots, \delta\rho_n$ étant assujetties seulement à vérifier les égalités (51).

Soient $\lambda(x, y, z)$ une fonction de x, y, z vérifiant l'égalité

$$\int\lambda(x,y,z)\,dv=0.$$

Posons, en chaque point (x, y, z),

$$\delta\rho_i=\varepsilon X_i\lambda(x,y,z),$$

X_i étant une quantité indépendante de x, y, z, et de valeur arbitraire et ε étant un facteur infiniment petit; à cause de l'homogénéité du système, l'inégalité précédente pourra s'écrire

$$\left[\frac{\partial^2(\rho\xi)}{\partial\rho_1^2}X_1^2+\frac{\partial^2(\rho\xi)}{\partial\rho_2^2}X_2^2+\ldots+\frac{\partial^2(\rho\xi)}{\partial\rho_n^2}X_n^2+2\sum_{ij}\frac{\partial^2(\rho\xi)}{\partial\rho_i\partial\rho_j}X_iX_j\right]\varepsilon^2\int\lambda^2 dv>0,$$

ou

$$(55)\quad \frac{\partial^2(\rho\xi)}{\partial\rho_1^2}X_1^2+\frac{\partial^2(\rho\xi)}{\partial\rho_2^2}X_2^2+\ldots+\frac{\partial^2(\rho\xi)}{\partial\rho_n^2}X_n^2+2\sum\frac{\partial^2(\rho\xi)}{\partial\rho_i\partial\rho_j}X_iX_j>0.$$

Ainsi, *pour que l'équilibre d'un mélange de n fluides, soustrait à toute force extérieure autre qu'une pression uniforme et constante, soit un équilibre stable, il faut et il suffit que la forme quadratique*

$$\frac{\partial^2(\rho\xi)}{\partial\rho_1^2}X_1^2 + \frac{\partial^2(\rho\xi)}{\partial\rho_2^2}X_2^2 + \ldots + \frac{\partial^2(\rho\xi)}{\partial\rho_n^2}X_n^2 + 2\sum_{ij}\frac{\partial^2(\rho\xi)}{\partial\rho_i\partial\rho_j}X_iX_j,$$

où les variables $X_1, X_2, \ldots, X_n$ sont entièrement arbitraires, soit une forme déterminée positive.

C'est là une forme nouvelle de la condition trouvée au § 2.

Supposons que la condition que nous venons maintenant d'énoncer soit vérifiée pour toutes les valeurs que peuvent prendre les densités partielles, $\rho_1, \rho_2, \ldots, \rho_n$, des divers fluides mélangés, et discutons la stabilité du mélange en supposant ses divers éléments de masse soumis à des forces extérieures. Nous n'aborderons pas cette discussion dans son entière généralité; nous nous limiterons au cas que nous avons indiqué en terminant le Chapitre II; c'est-à-dire que nous supposerons les n fonctions potentielles $V_1, V_2, \ldots, V_n$ exprimables au moyen d'une même fonction $U(x, y, z)$. La surface libre du fluide sera alors une surface équipotentielle pour les n fonctions $V_1, V_2, \ldots, V_n$ et, de plus, les densités $\rho_1, \rho_2, \ldots, \rho_n$ auront les mêmes valeurs en tout point de cette surface.

Dès lors, comme on a nécessairement, en tout point de la surface déformable,

$$\begin{aligned}
&\cos(n_i, x)\,\delta_1 x + \cos(n_i, y)\,\delta_1 y + \cos(n_i, z)\,\delta_1 z \\
= &\cos(n_i, x)\,\delta_2 x + \cos(n_i, y)\,\delta_2 y + \cos(n_i, z)\,\delta_2 z \\
= &\ldots\ldots\ldots\ldots\ldots\ldots\ldots\ldots\ldots\ldots \\
= &\cos(n_i, x)\,\delta_n x + \cos(n_i, y)\,\delta_n y + \cos(n_i, z)\,\delta_n z \\
= &\cos(n_i, x)\,\delta x + \cos(n_i, y)\,\delta y + \cos(n_i, z)\,\delta z,
\end{aligned}$$

l'expression (53) de $\delta^2\Phi$ pourra s'écrire

$$(56)\quad \left\{\begin{aligned}
\delta^2\Phi = &\int\left[\frac{\partial^2(\rho\xi)}{\partial\rho_1^2}(\delta\rho_1)^2 + \frac{\partial^2(\rho\xi)}{\partial\rho_2^2}(\delta\rho_2)^2 + \ldots + \frac{\partial^2(\rho\xi)}{\partial\rho_n^2}(\delta\rho_n)^2 + 2\sum_{ij}\frac{\partial^2(\rho\xi)}{\partial\rho_i\partial\rho_j}\delta\rho_i\delta\rho_j\right]d\varpi \\
&- \mathbf{S}\left(\rho_1\frac{\partial V_1}{\partial n_i} + \rho_2\frac{\partial V_2}{\partial n_i} + \ldots + \rho_n\frac{\partial V_n}{\partial n_i}\right) \\
&\quad\times[\cos(n_i, x)\,\delta x + \cos(n_i, y)\,\delta y + \cos(n_i, z)\,\delta z]^2\,dS.
\end{aligned}\right.$$

La stabilité de l'équilibre s'exprimera en écrivant que cette quantité est essentiellement positive.

Pour que l'équilibre du système soit stable, il est nécessaire et suffisant d'adjoindre la condition suivante à la condition précédemment énoncée et que l'on suppose réalisée :

La quantité

$$\rho_1 \frac{\partial V_1}{\partial n_i} + \rho_2 \frac{\partial V_2}{\partial n_i} + \ldots + \rho_n \frac{\partial V_n}{\partial n_i}$$

n'est positive en aucun point de la surface libre du fluide; elle n'est nulle qu'en des points isolés de la surface.

Que la nouvelle condition, jointe à celle que nous supposons déjà réalisée, suffise à assurer la stabilité de l'équilibre du mélange fluide, cela est de toute évidence; il est moins évident qu'elle soit nécessaire; nous allons établir ce dernier point en prouvant que, si elle n'est pas remplie, il est possible d'imposer au mélange fluide des déformations correspondant à des valeurs nulles ou négatives de $\delta^2\Phi$.

Imaginons qu'en un point de la surface libre du fluide on ait

$$\rho_1 \frac{\partial V_1}{\partial n_i} + \rho_2 \frac{\partial V_2}{\partial n_i} + \ldots + \rho_n \frac{\partial V_n}{\partial n_i} > 0. \tag{57}$$

Par raison de continuité, on pourra, autour de ce point, tracer un domaine fini D, en tout point duquel l'inégalité (57) soit vérifiée. Si donc la condition que nous venons d'énoncer n'était pas vérifiée, on pourrait assurément trouver sur la surface S un domaine fini D en tout point duquel on aurait

$$\rho_1 \frac{\partial V_1}{\partial n_i} + \rho_2 \frac{\partial V_2}{\partial n_i} + \ldots + \rho_n \frac{\partial V_n}{\partial n_i} \geqq 0. \tag{57 bis}$$

Dès lors, donnons au mélange un déplacement caractérisé de la manière suivante :

1° En tout point du mélange, on a

$$\delta\rho_1 = 0, \qquad \delta\rho_2 = 0, \qquad \ldots, \qquad \delta\rho_n = 0.$$

2° En tout point de la surface libre qui n'appartient pas au domaine D, on a

$$\cos(n_i, x)\,\delta x + \cos(n_i, y)\,\delta y + \cos(n_i, z)\,\delta z = 0.$$

3° En tout point du domaine D, la quantité

$$\cos(n_i, x)\,\delta x + \cos(n_i, y)\,\delta y + \cos(n_i, z)\,\delta z$$

a des valeurs arbitraires, soumises seulement à la condition

$$\mathbf{S}_{\mathrm{D}}[\cos(n_i, x)\,\delta x + \cos(n_i, y)\,\delta y + \cos(n_i, z)\,\delta z]\,d\mathrm{S} = 0.$$

Un tel déplacement est compatible avec la définition du système; celle-ci, en effet, impose seulement les conditions (51); $\rho_1, \rho_2, \ldots, \rho_n$ ayant des valeurs constantes en tout point de la surface déformable, les conditions (51) peuvent s'écrire

$$\int \delta\rho_i\, dv - \rho_i \mathbf{S}[\cos(n_i, x)\,\delta x + \cos(n_i, y)\,\delta y + \cos(n_i, z)\,\delta z]\,d\mathrm{S} = 0,$$

et il est évident que ces conditions sont vérifiées par la modification que nous venons d'imaginer.

Or, pour une semblable déformation, l'expression (56) de $\delta^2\Phi$ se réduit à

$$\delta^2\Phi = -\mathbf{S}_{\mathrm{D}}\left(\rho_1 \frac{\partial \mathrm{V}_1}{\partial n_i} + \rho_2 \frac{\partial \mathrm{V}_2}{\partial n_i} + \ldots + \rho_n \frac{\partial \mathrm{V}_n}{\partial n_i}\right) \times [\cos(n_i, x)\,\delta x + \cos(n_i, y)\,\delta y + \cos(n_i, z)\,\delta z]^2\, d\mathrm{S},$$

et, si la condition (57 *bis*) était vérifiée en tout point du domaine D, on aurait, pour la modification considérée,

$$\delta^2\Phi \leqq 0.$$

La proposition énoncée est donc démontrée.

En vertu de l'égalité (50 *bis*) du Chapitre II, la condition que nous venons d'établir peut s'énoncer ainsi :

En tout point de la surface libre du fluide, on a

$$\frac{\partial \Pi}{\partial n_i} > 0. \tag{58}$$

Nous retrouvons ainsi la condition que nous avions établie au § 3 dans un cas un peu moins général.

CHAPITRE V.

CONSÉQUENCES DE LA STABILITÉ DE L'ÉQUILIBRE D'UN MÉLANGE HOMOGÈNE.

§ I. — Compressibilité isothermique d'un mélange homogène.

Lorsque les forces extérieures qui agissent sur un mélange fluide se réduisent à une pression extérieure normale et uniforme, le fluide en équilibre a, en tout point, même densité et même composition. Nous avons admis que, si la pression extérieure était maintenue constante, cet état d'équilibre était un état d'équilibre stable. Nous avons, de cette hypothèse, déduit une condition analytique qui doit être vérifiée par tout mélange homogène; cette condition est donnée, sous deux formes différentes, aux §§ II et IV du Chapitre précédent.

Cette condition analytique entraîne un certain nombre de conséquences physiques intéressantes; c'est à l'examen de ces conséquences que va être consacré le présent Chapitre.

Prenons d'abord la condition en question sous la forme indiquée au § II du Chapitre précédent : *la forme quadratique* [Chap. IV, (29)]

$$(1)\quad \left\{\begin{aligned} &\frac{1}{\rho}\frac{\partial\Theta}{\partial\rho}X^2 + \frac{2}{\rho}\frac{\partial\Theta}{\partial\mu_1}XY_1 + \frac{2}{\rho}\frac{\partial\Theta}{\partial\mu_2}XY_2 + \ldots + \frac{2}{\rho}\frac{\partial\Theta}{\partial\mu_n}XY_n \\ &\quad + \frac{\partial^2(\rho\zeta)}{\partial\mu_1^2}Y_1^2 + \frac{\partial^2(\rho\zeta)}{\partial\mu_2^2}Y_2^2 + \ldots + \frac{\partial^2(\rho\zeta)}{\partial\mu_n^2}Y_n^2 + 2\sum_{ij}\frac{\partial^2(\rho\zeta)}{\partial\mu_i\,\partial\mu_j}Y_iY_j, \end{aligned}\right.$$

dans laquelle la variable X *est entièrement arbitraire, tandis que les variables* $Y_1, Y_2, \ldots, Y_n$ *sont liées par la relation*

$$(2)\qquad Y_1 + Y_2 + \ldots + Y_n = 0,$$

est une forme déterminée positive.

En premier lieu, nous pouvons poser

$$Y_1 = 0,\qquad Y_2 = 0,\qquad \ldots,\qquad Y_n = 0.$$

La condition précédente nous montre alors que *l'on doit avoir*, *pour tout mélange fluide, en toute circonstance,*

$$\frac{\partial \Theta}{\partial \rho} > 0. \tag{3}$$

Les égalités (19) du Chapitre II et (25) du Chapitre IV nous montrent que la pression extérieure Π qui maintient en équilibre, à la température T, le mélange homogène de densité ρ et de composition $\mu_1, \mu_2, \ldots, \mu_n$, est donnée par l'égalité

$$\Theta(\mu_1, \mu_2, \ldots, \mu_n, \rho, T) = \Pi. \tag{4}$$

Sans faire varier la température ni la composition de ce mélange, faisons croître la pression de $d\Pi$; la densité croîtra alors d'une quantité que nous désignerons par $\left(\frac{d\rho}{d\Pi}\right)_T d\Pi$; d'après l'égalité (4), on a

$$\frac{\partial \Theta}{\partial \rho}\left(\frac{d\rho}{d\Pi}\right)_T = 1 \tag{5}$$

et, d'après l'inégalité (3),

$$\left(\frac{d\rho}{d\Pi}\right)_T > 0. \tag{6}$$

Ainsi, *la densité d'un mélange homogène de composition constante et de température constante augmente avec la pression que supporte ce mélange.*

Cette proposition est conforme au principe général du déplacement isothermique de l'équilibre.

Nous allons l'établir en partant de la forme de la condition de stabilité que nous avons donnée au § IV du Chapitre précédent; nous aurons occasion, au cours de cette nouvelle démonstration, d'établir quelques formules qui nous seront utiles au Chapitre VI.

Donnons à un mélange homogène de composition fixe une dilatation uniforme Δ; les densités $\rho_1, \rho_2, \ldots, \rho_n$ éprouveront des variations $\delta\rho_1, \delta\rho_2, \ldots, \delta\rho_n$, et l'on aura

$$\frac{\delta\rho_1}{\rho_1} = \frac{\delta\rho_2}{\rho_2} = \ldots = \frac{\delta\rho_n}{\rho_n} = -\Delta. \tag{7}$$

Posons

$$\Pi(\rho_1, \rho_2, \ldots, \rho_n, T) = \rho\left(\rho_1\frac{\partial\xi}{\partial\rho_1} + \rho_2\frac{\partial\xi}{\partial\rho_2} + \ldots + \rho_n\frac{\partial\xi}{\partial\rho_n}\right), \tag{8}$$

et aussi

$$(9) \qquad K_{ij} = K_{ji} = \frac{\partial \xi}{\partial \rho_i} + \frac{\partial \xi}{\partial \rho_j} + \rho \frac{\partial^2 \xi}{\partial \rho_i \, \partial \rho_j} = \frac{\partial^2 (\rho \xi)}{\partial \rho_i \, \partial \rho_j}.$$

Nous aurons évidemment

$$(10) \qquad \left\{ \begin{array}{l} \dfrac{\partial \Pi}{\partial \rho_1} = \rho_1 K_{11} + \rho_2 K_{12} + \ldots + \rho_n K_{1n}, \\ \dfrac{\partial \Pi}{\partial \rho_2} = \rho_1 K_{21} + \rho_2 K_{22} + \ldots + \rho_n K_{2n}, \\ \ldots\ldots\ldots\ldots\ldots\ldots\ldots\ldots\ldots\ldots \\ \dfrac{\partial \Pi}{\partial \rho_n} = \rho_1 K_{n1} + \rho_2 K_{n2} + \ldots + \rho_n K_{nn}. \end{array} \right.$$

La pression Π, qui maintient en équilibre le mélange homogène considéré, est donnée par l'égalité [Chap. II, égalité (58)]

$$(11) \qquad \Pi = H(\rho_1, \rho_2, \ldots, \rho_n, T).$$

Supposons qu'à température constante la pression Π croisse de $d\Pi$; les densités $\rho_1, \rho_2, \ldots, \rho_n$ éprouvent des variations $\delta\rho_1, \delta\rho_2, \ldots, \delta\rho_n$, et l'on a

$$d\Pi = \frac{\partial H}{\partial \rho_1} \delta\rho_1 + \frac{\partial H}{\partial \rho_2} \delta\rho_2 + \ldots + \frac{\partial H}{\partial \rho_n} \delta\rho_n,$$

ou bien, en désignant par Δ la dilatation uniforme subie par le mélange et en faisant usage des formules (7),

$$(12) \qquad d\Pi = -\left(\rho_1 \frac{\partial H}{\partial \rho_1} + \rho_2 \frac{\partial H}{\partial \rho_2} + \ldots + \rho_n \frac{\partial H}{\partial \rho_n}\right) \Delta.$$

Moyennant les égalités (9) et (10), cette égalité (12) devient

$$(12\ bis) \qquad d\Pi = -\left[\frac{\partial^2(\rho\xi)}{\partial \rho_1^2} \rho_1^2 + \frac{\partial^2(\rho\xi)}{\partial \rho_2^2} \rho_2^2 + \ldots + \frac{\partial^2(\rho\xi)}{\partial \rho_n^2} \rho_n^2 + 2 \sum_{ij} \frac{\partial^2(\rho\xi)}{\partial \rho_i \, \partial \rho_j} \rho_i \rho_j\right] \Delta.$$

Si nous observons que la forme quadratique [Chap. IV, inégalité (55)]

$$\frac{\partial^2(\rho\xi)}{\partial \rho_1^2} X_1^2 + \frac{\partial^2(\rho\xi)}{\partial \rho_2^2} X_2^2 + \ldots + \frac{\partial^2(\rho\xi)}{\partial \rho_n^2} X_n^2 + 2 \sum_{ij} \frac{\partial^2(\rho\xi)}{\partial \rho_i \, \partial \rho_j} X_i X_j$$

est une forme déterminée positive, nous déduisons sans peine de l'égalité (12 *bis*) que les quantités $d\Pi$ et Δ sont de signe contraire. Donc, *lorsqu'on augmente, à température constante, la pression que supporte un mélange homogène, le volume de ce mélange diminue.*

§ II. — Compressibilité isentropique d'un mélange homogène.

Soit M la masse totale d'un mélange homogène, masse qui est essentiellement constante; son potentiel thermodynamique interne aura pour valeur

$$\mathcal{F} = \mathrm{M}\xi(\rho_1, \rho_2, \ldots, \rho_n, \mathrm{T}),$$

et son entropie S sera déterminée par l'égalité

$$\mathrm{ES} = -\frac{\partial \mathcal{F}}{\partial \mathrm{T}} = -\mathrm{M}\frac{\partial}{\partial \mathrm{T}}\xi(\rho_1, \rho_2, \ldots, \rho_n, \mathrm{T}).$$

Une modification isentropique qui laisse ce mélange homogène sera donc caractérisée par l'égalité

$$\frac{\partial^2 \xi}{\partial \rho_1\, \partial \mathrm{T}}\delta\rho_1 + \frac{\partial^2 \xi}{\partial \rho_2\, \partial \mathrm{T}}\delta\rho_2 + \ldots + \frac{\partial^2 \xi}{\partial \rho_n\, \partial \mathrm{T}}\delta\rho_n + \frac{\partial^2 \xi}{\partial \mathrm{T}^2}\delta\mathrm{T} = 0,$$

ou encore, en désignant par Δ la dilatation uniforme du mélange et en faisant usage des égalités (7),

$$\left(\rho_1 \frac{\partial^2 \xi}{\partial \rho_1\, \partial \mathrm{T}} + \rho_2 \frac{\partial^2 \xi}{\partial \rho_2\, \partial \mathrm{T}} + \ldots + \rho_n \frac{\partial^2 \xi}{\partial \rho_n\, \partial \mathrm{T}}\right)\Delta = \frac{\partial^2 \xi}{\partial \mathrm{T}^2}\delta\mathrm{T}. \tag{13}$$

D'autre part, l'égalité (11) donne

$$d\Pi = \frac{\partial \Pi}{\partial \rho_1}\delta\rho_1 + \frac{\partial \Pi}{\partial \rho_2}\delta\rho_2 + \ldots + \frac{\partial \Pi}{\partial \rho_n}\delta\rho_n + \frac{\partial \Pi}{\partial \mathrm{T}}\delta\mathrm{T},$$

ou, en vertu des égalités (7),

$$d\Pi = -\left(\rho_1 \frac{\partial \Pi}{\partial \rho_1} + \rho_2 \frac{\partial \Pi}{\partial \rho_2} + \ldots + \rho_n \frac{\partial \Pi}{\partial \rho_n}\right)\Delta + \frac{\partial \Pi}{\partial \mathrm{T}}\delta\mathrm{T}. \tag{14}$$

Désignons par $\rho\Lambda$ le *coefficient de détente isentropique*, c'est-à-dire le rapport $-\frac{d\Pi}{\Delta}$ relatif à une modification isentropique. Nous aurons, en vertu des égalités (13) et (14),

$$\rho \frac{\partial^2 \xi}{\partial \mathrm{T}^2}\Lambda = \sum_{i=1}^{i=n} \rho_i \left(\frac{\partial \Pi}{\partial \rho_i}\frac{\partial^2 \xi}{\partial \mathrm{T}^2} + \frac{\partial \Pi}{\partial \mathrm{T}}\frac{\partial^2 \xi}{\partial \rho_i\, \partial \mathrm{T}}\right). \tag{15}$$

Cette égalité peut se mettre sous une autre forme.

Soit c la *chaleur spécifique sous volume constant* du mélange considéré; nous aurons

$$\frac{\partial S}{\partial T} = -McT$$

ou

$$(16) \qquad c = \frac{T}{E}\frac{\partial^2 \xi}{\partial T^2}.$$

Les égalités (9) et (10) nous donnent

$$(17) \qquad \sum_{i=1}^{i=n} \rho_i \frac{\partial H}{\partial \rho_i} = \frac{\partial^2(\rho\xi)}{\partial \rho_1^2}\rho_1^2 + \frac{\partial^2(\rho\xi)}{\partial \rho_2^2}\rho_2^2 + \ldots + \frac{\partial^2(\rho\xi)}{\partial \rho_n^2}\rho_n^2 + 2\sum_{ij}\frac{\partial^2(\rho\xi)}{\partial \rho_i\,\partial \rho_j}\rho_i\rho_j.$$

Enfin l'égalité (8) donne

$$(18) \qquad \frac{\partial H}{\partial T} = \rho\left(\rho_1 \frac{\partial^2 \xi}{\partial \rho_1\,\partial T} + \rho_2 \frac{\partial^2 \xi}{\partial \rho_2\,\partial T} + \ldots + \rho_n \frac{\partial^2 \xi}{\partial \rho_n\,\partial T}\right).$$

En vertu des égalités (16), (17), (18), l'égalité (15) peut s'écrire

$$(19) \qquad \left\{ \begin{aligned} \frac{E\rho c}{T} A = \rho\left(\rho_1 \frac{\partial^2 \xi}{\partial \rho_1\,\partial T} + \rho_2 \frac{\partial^2 \xi}{\partial \rho_2\,\partial T} + \ldots + \rho_n \frac{\partial^2 \xi}{\partial \rho_n\,\partial T}\right)^2 \\ + \frac{Ec}{T}\left[\frac{\partial^2(\rho\xi)}{\partial \rho_1^2}\rho_1^2 + \frac{\partial^2(\rho\xi)}{\partial \rho_2^2}\rho_2^2 + \ldots + \frac{\partial^2(\rho\xi)}{\partial \rho_n^2}\rho_n^2 + 2\sum_{ij}\frac{\partial^2(\rho\xi)}{\partial \rho_i\,\partial \rho_j}\rho_i\rho_j\right]. \end{aligned} \right.$$

Si nous nous souvenons de la condition de stabilité exprimée par l'inégalité (55) du Chapitre précédent; si, en outre, nous admettons le *postulatum d'Helmholtz : la chaleur spécifique sous volume constant du mélange est positive,* nous déduisons de l'égalité (19) la proposition suivante :

Le coefficient de détente isentropique d'un mélange homogène est positif.

Ce résultat est en parfaite conformité avec ce que nous avons écrit ailleurs [1] sur le déplacement isentropique de l'équilibre.

D'ailleurs, les divers résultats que nous avons établis dans ce

(1) P. DUHEM, *Commentaires aux principes de la Thermodynamique*, 3e Partie, Chap. IV. (*Journal de Mathématiques pures et appliquées*, 4e série, t. IX; 1893.)

paragraphe et au paragraphe précédent auraient pu s'obtenir plus simplement en considérant un mélange homogène et de composition constante de plusieurs fluides comme un fluide unique; mais les formules que nous avons établies nous seront utiles dans la suite de ce travail.

§ III. — Variations de densité et de composition au sein d'un mélange en équilibre sous l'action de forces extérieures.

Reprenons la forme quadratique (1), dans laquelle la variable X est arbitraire, tandis que les variables $Y_1, Y_2, \ldots, Y_n$ sont liées par la relation (2); au lieu d'y faire

$$Y_1 = 0, \qquad Y_2 = 0, \qquad \ldots, \qquad Y_n = 0,$$

ce qui nous a donné l'inégalité (3), nous pouvons y faire

$$X = 0;$$

nous obtiendrons alors le résultat suivant :

Pour tout système de valeurs non identiquement nulles de $Y_1, Y_2, \ldots, Y_n$, *qui vérifient l'égalité*

$$Y_1 + Y_2 + \ldots + Y_n = 0,$$

on a l'inégalité

$$(20) \qquad \frac{\partial^2(\rho\zeta)}{\partial\mu_1^2} Y_1^2 + \frac{\partial^2(\rho\zeta)}{\partial\mu_2^2} Y_2^2 + \ldots + \frac{\partial^2(\rho\zeta)}{\partial\mu_n^2} Y_n^2 + 2\sum_{ij} \frac{\partial^2(\rho\zeta)}{\partial\rho_i\,\partial\rho_j} Y_i Y_j > 0.$$

Cette inégalité va nous en fournir une autre qui nous sera utile.

Considérons un mélange en équilibre sous l'action de forces quelconques, qui admettent une fonction potentielle *unique* V. Soit f une fonction quelconque de x, y, z, que l'on ait à considérer dans l'étude de ce mélange; désignons dorénavant par le symbole df la quantité

$$\frac{\partial f}{\partial x} dx + \frac{\partial f}{\partial y} dy + \frac{\partial f}{\partial z} dz,$$

où dx, dy, dz sont arbitraires.

Les équations (25) du Chapitre II, différentiées, donnent

$$d\left(\frac{\Pi}{\rho}+\zeta+V\right)-d\left(\mu_1\frac{\partial\zeta}{\partial\mu_1}+\mu_2\frac{\partial\zeta}{\partial\mu_2}+\ldots+\mu_n\frac{\partial\zeta}{\partial\mu_n}\right)+d\frac{\partial\zeta}{\partial\mu_1}=0,$$

$$d\left(\frac{\Pi}{\rho}+\zeta+V\right)-d\left(\mu_1\frac{\partial\zeta}{\partial\mu_1}+\mu_2\frac{\partial\zeta}{\partial\mu_2}+\ldots+\mu_n\frac{\partial\zeta}{\partial\mu_n}\right)+d\frac{\partial\zeta}{\partial\mu_2}=0,$$

. . . .

$$d\left(\frac{\Pi}{\rho}+\zeta+V\right)-d\left(\mu_1\frac{\partial\zeta}{\partial\mu_1}+\mu_2\frac{\partial\zeta}{\partial\mu_2}+\ldots+\mu_n\frac{\partial\zeta}{\partial\mu_n}\right)+d\frac{\partial\zeta}{\partial\mu_n}=0.$$

Multiplions la première de ces égalités par $d\mu_1$, la seconde par $d\mu_2$, ..., la dernière par $d\mu_n$; ajoutons membre à membre les résultats obtenus en tenant compte de l'identité

$$d\mu_1+d\mu_2+\ldots+d\mu_n=0.$$

Nous trouverons

$$(21)\qquad d\mu_1\,d\frac{\partial\zeta}{\partial\mu_1}+d\mu_2\,d\frac{\partial\zeta}{\partial\mu_2}+\ldots+d\mu_n\,d\frac{\partial\zeta}{\partial\mu_n}=0.$$

Mais nous avons

$$(22)\qquad d\frac{\partial\zeta}{\partial\mu_i}=\frac{\partial^2\zeta}{\partial\mu_i\,\partial\rho}d\rho+\frac{\partial^2\zeta}{\partial\mu_i\,\partial\mu_1}d\mu_1+\frac{\partial^2\zeta}{\partial\mu_i\,\partial\mu_2}d\mu_2+\ldots+\frac{\partial^2\zeta}{\partial\mu_i\,\partial\mu_n}d\mu_n$$

et aussi

$$(23)\qquad \frac{\partial^2\zeta}{\partial\mu_i\,\partial\rho}=\frac{1}{\rho^2}\frac{\partial\Theta}{\partial\mu_i},$$

$$(24)\qquad \frac{\partial^2\zeta}{\partial\mu_i\,\partial\mu_j}=\frac{1}{\rho}\frac{\partial^2(\rho\zeta)}{\partial\mu_i\,\partial\mu_j}.$$

Les égalités (21), (22), (23), (24) donnent l'égalité

$$(25)\quad\left\{\begin{aligned}&\frac{1}{\rho}\left(\frac{\partial\Theta}{\partial\mu_1}d\mu_1+\frac{\partial\Theta}{\partial\mu_2}d\mu_2+\ldots+\frac{\partial\Theta}{\partial\mu_n}d\mu_n\right)d\rho\\&\quad+\frac{\partial^2(\rho\zeta)}{\partial\mu_1^2}(d\mu_1)^2+\frac{\partial^2(\rho\zeta)}{\partial\mu_2^2}(d\mu_2)^2+\ldots+\frac{\partial^2(\rho\zeta)}{\partial\mu_n^2}(d\mu_n)^2\\&\qquad+2\sum_{ij}\frac{\partial^2(\rho\zeta)}{\partial\mu_i\,\partial\mu_j}d\mu_i\,d\mu_j=0.\end{aligned}\right.$$

Si nous observons que les quantités

$$Y_1=d\mu_1,\qquad Y_2=d\mu_2,\qquad \ldots,\qquad Y_n=d\mu_n$$

vérifient la condition (2), nous voyons que l'on doit avoir

$$\frac{\partial^2(\rho\zeta)}{\partial\mu_1^2}(d\mu_1)^2 + \frac{\partial^2(\rho\zeta)}{\partial\mu_2^2}(d\mu_2)^2 + \ldots + \frac{\partial^2(\rho\zeta)}{\partial\mu_n^2}(d\mu_n)^2 + 2\sum_{ij}\frac{\partial^2(\rho\zeta)}{\partial\mu_i\,\partial\mu_j}\,d\mu_i\,d\mu_j > 0.$$

L'égalité (25) montre donc que, *dans toute l'étendue d'un mélange fluide soumis à l'action de forces qui admettent une fonction potentielle unique, on doit avoir l'inégalité*

$$(26)\qquad \left(\frac{\partial\Theta}{\partial\mu_1}d\mu_1 + \frac{\partial\Theta}{\partial\mu_2}d\mu_2 + \ldots + \frac{\partial\Theta}{\partial\mu_n}d\mu_n\right)d\rho < 0.$$

C'est l'inégalité annoncée et dont nous verrons dans un instant l'importance.

Pour le moment, revenons à l'égalité (4) et différentions-la; nous trouverons

$$\frac{\partial\Theta}{\partial\rho}d\rho + \frac{\partial\Theta}{\partial\mu_1}d\mu_1 + \frac{\partial\Theta}{\partial\mu_2}d\mu_2 + \ldots + \frac{\partial\Theta}{\partial\mu_n}d\mu_n = d\Pi.$$

Multiplions les deux membres de cette égalité par $\frac{1}{\rho}\,d\rho$ et ajoutons membre à membre le résultat obtenu et l'égalité (25); nous trouverons l'égalité

$$\frac{1}{\rho}\frac{\partial\Theta}{\partial\rho}(d\rho)^2 + \frac{2}{\rho}\frac{\partial\Theta}{\partial\mu_1}d\rho\,d\mu_1 + \frac{2}{\rho}\frac{\partial\Theta}{\partial\mu_2}d\rho\,d\mu_2 + \ldots + \frac{2}{\rho}\frac{\partial\Theta}{\partial\mu_n}d\rho\,d\mu_n + \frac{\partial^2(\rho\zeta)}{\partial\mu_1^2}(d\mu_1)^2 + \frac{\partial^2(\rho\zeta)}{\partial\mu_2^2}(d\mu_2)^2 + \ldots + \frac{\partial^2(\rho\zeta)}{\partial\mu_n^2}(d\mu_n)^2 + 2\sum_{ij}\frac{\partial^2(\rho\zeta)}{\partial\mu_i\,\partial\mu_j}d\mu_i\,d\mu_j = \frac{1}{\rho}\,d\Pi\,d\rho.$$

Or le premier membre de cette égalité n'est autre chose que ce que devient la forme quadratique (1) lorsque l'on prend

$$X = d\rho,\qquad Y_1 = d\mu_1,\qquad Y_2 = d\mu_2,\qquad \ldots,\qquad Y_n = d\mu_n,$$

valeurs qui vérifient l'égalité (2); ce premier membre est donc positif et l'on peut écrire

$$(27)\qquad d\Pi\,d\rho > 0,$$

inégalité qu'énonce le théorème suivant :

Lorsqu'on passe d'un point à un autre point infiniment voi-

sin au sein d'un mélange fluide soumis à des forces extérieures qui admettent une fonction potentielle unique, la variation subie par la densité est de même signe que la variation subie par la pression.

Imaginons un mélange homogène de composition $(\mu_1, \mu_2, \ldots, \mu_n)$; à la température T, sous la pression Π, sa densité a la valeur ρ donnée par l'égalité (4); considérons, *sous la même pression* Π, *à la même température* T, un mélange de composition

$$(\mu_1 + d\mu_1, \quad \mu_2 + d\mu_2, \quad \ldots, \quad \mu_n + d\mu_n),$$

$d\mu_1, d\mu_2, \ldots, d\mu_n$ ayant les mêmes valeurs que dans les égalités précédentes; ce mélange aura une densité $(\rho + D\rho)$; l'équation (4), différentiée, donnera

$$\frac{\partial \Theta}{\partial \rho} D\rho + \frac{\partial \Theta}{\partial \mu_1} d\mu_1 + \frac{\partial \Theta}{\partial \mu_2} d\mu_2 + \ldots + \frac{\partial \Theta}{\partial \mu_n} d\mu_n = 0,$$

ce qui pourra encore s'écrire

$$\frac{\partial \Theta}{\partial \rho} D\rho\, d\rho + \left(\frac{\partial \Theta}{\partial \mu_1} d\mu_1 + \frac{\partial \Theta}{\partial \mu_2} d\mu_2 + \ldots + \frac{\partial \Theta}{\partial \mu_n} d\mu_n\right) d\rho = 0.$$

En vertu des égalités (3) et (26), cette égalité entraîne l'inégalité

$$D\rho\, d\rho > 0,$$

qui, jointe à l'inégalité (27), donne l'inégalité

$$D\rho\, d\Pi > 0. \tag{28}$$

Cette inégalité conduit au théorème suivant :

Au sein d'un mélange de fluides en équilibre sous l'action de forces qui admettent une fonction potentielle unique, prenons un point P *où la pression a une certaine valeur* Π *et où la composition est* $(\mu_1, \mu_2, \ldots, \mu_n)$; *prenons ensuite un second point* P', *infiniment voisin du point* P, *où la pression ait une valeur* Π', *supérieure à* Π; *en ce point, la composition du mélange est* $(\mu'_1, \mu'_2, \ldots, \mu'_n)$; *sous la même pression* Π, *le mélange de composition* $(\mu'_1, \mu'_2, \ldots, \mu'_n)$ *aurait une densité plus grande que le mélange de composition* $(\mu_1, \mu_2, \ldots, \mu_n)$.

C'est le théorème fondamental que MM. Gouy et Chaperon avaient signalé et que nous avions démontré dans des cas moins étendus que celui qui est traité ici.

§ IV. — Conséquence relative au potentiel thermodynamique sous pression constante.

Imaginons un mélange homogène formé de masses $M_1, M_2, \ldots, M_n$ des fluides 1, 2, ..., n, soumis à la pression Π et porté à la température T; les fluides 1, 2, ..., n y ont des densités partielles $\rho_1, \rho_2, \ldots, \rho_n$, et l'on a, en désignant par v le volume du mélange,

$$M_1 = \rho_1 v, \qquad M_2 = \rho_2 v, \qquad \ldots, \qquad M_n = \rho_n v. \tag{29}$$

Sans changer la pression Π ni la température T, faisons croître les masses $M_1, M_2, \ldots, M_n$ de quantités arbitraires $\delta M_1, \delta M_2, \ldots, \delta M_n$; les égalités (29) donneront

$$\begin{gathered}\delta M_1 = v\,\delta\rho_1 + \rho_1\,\delta v,\\ \delta M_2 = v\,\delta\rho_2 + \rho_2\,\delta v,\\ \ldots\ldots\ldots\ldots\ldots\ldots,\\ \delta M_n = v\,\delta\rho_n + \rho_n\,\delta v,\end{gathered}$$

égalités qui peuvent encore s'écrire

$$\left\{\begin{aligned}\delta M_1 &= v\,\delta\rho_1 + \frac{M_1}{v}\,\delta v,\\ \delta M_2 &= v\,\delta\rho_2 + \frac{M_2}{v}\,\delta v,\\ &\ldots\ldots\ldots\ldots\ldots\ldots\\ \delta M_n &= v\,\delta\rho_n + \frac{M_n}{v}\,\delta v.\end{aligned}\right. \tag{30}$$

Considérons la quantité *essentiellement positive*

$$J = \frac{\partial^2(\rho\xi)}{\partial\rho_1^2}(\delta\rho_1)^2 + \frac{\partial^2(\rho\xi)}{\partial\rho_2^2}(\delta\rho_2)^2 + \ldots + \frac{\partial^2(\rho\xi)}{\partial\rho_n^2}(\delta\rho_n)^2 + 2\sum_{ij}\frac{\partial^2(\rho\xi)}{\partial\rho_i\,\partial\rho_j}\,\delta\rho_i\,\delta\rho_j$$

qui peut encore s'écrire

$$\left\{\begin{aligned}J = {} & \left[\frac{\partial^2(\rho\xi)}{\partial\rho_1^2}\delta\rho_1 + \frac{\partial^2(\rho\xi)}{\partial\rho_1\,\partial\rho_2}\delta\rho_2 + \ldots + \frac{\partial^2(\rho\xi)}{\partial\rho_1\,\partial\rho_n}\delta\rho_n\right]\delta\rho_1\\ & + \left[\frac{\partial^2(\rho\xi)}{\partial\rho_2\,\partial\rho_1}\delta\rho_1 + \frac{\partial^2(\rho\xi)}{\partial\rho_2^2}\delta\rho_2 + \ldots + \frac{\partial^2(\rho\xi)}{\partial\rho_2\,\partial\rho_n}\delta\rho_n\right]\delta\rho_2\\ & + \ldots\ldots\ldots\ldots\ldots\ldots\ldots\ldots\ldots\ldots\\ & + \left[\frac{\partial^2(\rho\xi)}{\partial\rho_n\,\partial\rho_1}\delta\rho_1 + \frac{\partial^2(\rho\xi)}{\partial\rho_n\,\partial\rho_2}\delta\rho_2 + \ldots + \frac{\partial^2(\rho\xi)}{\partial\rho_n^2}\delta\rho_n\right]\delta\rho_n.\end{aligned}\right. \tag{31}$$

Considérons la fonction $F_1(M_1, M_2, \ldots, M_n, \Pi, T)$ définie par la première égalité (5) du Chapitre III. Nous avons [Chap. III, égalité (12)]

$$F_1(M_1, M_2, \ldots, M_n, \Pi, T) = \frac{\partial}{\partial \rho_1}[\rho\xi(\rho_1, \rho_2, \ldots, \rho_n, T)].$$

Les variations $\delta\rho_1, \delta\rho_2, \ldots, \delta\rho_n$ des densités ayant lieu sous pression constante et à température constante, nous aurons

$$(32)\quad \left\{\begin{aligned} &\frac{\partial^2(\rho\xi)}{\partial\rho_1^2}\delta\rho_1 + \frac{\partial^2(\rho\xi)}{\partial\rho_1\partial\rho_2}\delta\rho_2 + \ldots + \frac{\partial^2(\rho\xi)}{\partial\rho_1\partial\rho_n}\delta\rho_n = \frac{\partial F_1}{\partial M_1}\delta M_1 + \frac{\partial F_1}{\partial M_2}\delta M_2 + \ldots + \frac{\partial F_1}{\partial M_n}\delta M_n, \\ &\text{et, semblablement,} \\ &\frac{\partial^2(\rho\xi)}{\partial\rho_2\partial\rho_1}\delta\rho_1 + \frac{\partial^2(\rho\xi)}{\partial\rho_2^2}\delta\rho_2 + \ldots + \frac{\partial^2(\rho\xi)}{\partial\rho_2\partial\rho_n}\delta\rho_n = \frac{\partial F_2}{\partial M_1}\delta M_1 + \frac{\partial F_2}{\partial M_2}\delta M_2 + \ldots + \frac{\partial F_2}{\partial M_n}\delta M_n, \\ &\ldots\ldots\ldots\ldots\ldots\ldots\ldots\ldots\ldots\ldots\ldots\ldots, \\ &\frac{\partial^2(\rho\xi)}{\partial\rho_n\partial\rho_1}\delta\rho_1 + \frac{\partial^2(\rho\xi)}{\partial\rho_n\partial\rho_2}\delta\rho_2 + \ldots + \frac{\partial^2(\rho\xi)}{\partial\rho_n^2}\delta\rho_n = \frac{\partial F_n}{\partial M_1}\delta M_1 + \frac{\partial F_n}{\partial M_2}\delta M_2 + \ldots + \frac{\partial F_n}{\partial M_n}\delta M_n. \end{aligned}\right.$$

Les égalités (30), (31), (32) permettent d'écrire

$$(33)\quad \left\{\begin{aligned} J = \;& \left(\frac{\partial F_1}{\partial M_1}\delta M_1 + \frac{\partial F_1}{\partial M_2}\delta M_2 + \ldots + \frac{\partial F_1}{\partial M_n}\delta M_n\right)\left(\frac{1}{v}\delta M_1 - \frac{M_1}{v^2}\delta v\right) \\ &+ \left(\frac{\partial F_2}{\partial M_1}\delta M_1 + \frac{\partial F_2}{\partial M_2}\delta M_2 + \ldots + \frac{\partial F_2}{\partial M_n}\delta M_n\right)\left(\frac{1}{v}\delta M_2 - \frac{M_2}{v^2}\delta v\right) \\ &+ \ldots\ldots\ldots\ldots\ldots\ldots\ldots\ldots \\ &+ \left(\frac{\partial F_n}{\partial M_1}\delta M_1 + \frac{\partial F_n}{\partial M_2}\delta M_2 + \ldots + \frac{\partial F_n}{\partial M_n}\delta M_n\right)\left(\frac{1}{v}\delta M_n - \frac{M_n}{v^2}\delta v\right). \end{aligned}\right.$$

Soit $\mathfrak{F}(M_1, M_2, \ldots, M_n, \Pi, T)$ le potentiel thermodynamique du mélange considéré, sous la pression constante Π, à la température T; nous aurons [Chap. III, égalités (5)]

$$F_1 = \frac{\partial\mathfrak{F}}{\partial M_1}, \qquad F_2 = \frac{\partial\mathfrak{F}}{\partial M_2}, \qquad \ldots, \qquad F_n = \frac{\partial\mathfrak{F}}{\partial M_n},$$

en sorte que l'égalité (33) pourra s'écrire, on le voit aisément,

$$(34)\quad \left\{\begin{aligned} J = \;& \frac{1}{v}\left[\frac{\partial^2\mathfrak{F}}{\partial M_1^2}(\delta M_1)^2 + \frac{\partial^2\mathfrak{F}}{\partial M_2^2}(\delta M_2)^2 + \ldots + \frac{\partial^2\mathfrak{F}}{\partial M_n^2}(\delta M_n)^2 + 2\sum_{ij}\frac{\partial^2\mathfrak{F}}{\partial M_i\partial M_j}\delta M_i\,\delta M_j\right] \\ &- \frac{1}{v^2}\left[\left(M_1\frac{\partial F_1}{\partial M_1} + M_2\frac{\partial F_2}{\partial M_1} + \ldots + M_n\frac{\partial F_n}{\partial M_1}\right)\delta M_1\right. \\ &\quad + \left(M_1\frac{\partial F_1}{\partial M_2} + M_2\frac{\partial F_2}{\partial M_2} + \ldots + M_n\frac{\partial F_n}{\partial M_2}\right)\delta M_2 \\ &\quad + \ldots\ldots\ldots\ldots\ldots\ldots \\ &\quad \left. + \left(M_1\frac{\partial F_1}{\partial M_n} + M_2\frac{\partial F_2}{\partial M_n} + \ldots + M_n\frac{\partial F_n}{\partial M_n}\right)\delta M_n\right]\delta v. \end{aligned}\right.$$

Mais on a [Chap. III, égalités (8)]

$$M_1 \frac{\partial F_1}{\partial M_1} + M_2 \frac{\partial F_2}{\partial M_1} + \ldots + M_n \frac{\partial F_n}{\partial M_1} = 0,$$
$$M_1 \frac{\partial F_1}{\partial M_2} + M_2 \frac{\partial F_2}{\partial M_2} + \ldots + M_n \frac{\partial F_n}{\partial M_2} = 0,$$
$$\cdots\cdots\cdots\cdots\cdots\cdots\cdots\cdots$$
$$M_1 \frac{\partial F_1}{\partial M_n} + M_2 \frac{\partial F_2}{\partial M_n} + \ldots + M_n \frac{\partial F_n}{\partial M_n} = 0.$$

L'égalité (34) se réduit donc à

$$J = \frac{1}{\wp}\left[\frac{\partial^2 \mathfrak{H}}{\partial M_1^2}(\delta M_1)^2 + \frac{\partial^2 \mathfrak{H}}{\partial M_2^2}(\delta M_2)^2 + \ldots + \frac{\partial^2 \mathfrak{H}}{\partial M_n^2}(\delta M_n)^2 + 2\sum_{ij}\frac{\partial^2 \mathfrak{H}}{\partial M_i\,\partial M_j}\delta M_i\,\delta M_j\right],$$

La quantité J étant positive, sauf dans le cas où $\delta\rho_1 = 0$, $\delta\rho_2 = 0$, ..., $\delta\rho_n = 0$, il en est de même du second membre; les quantités δM_1, δM_2, ..., δM_n étant arbitraires, on arrive ainsi au théorème suivant :

La forme quadratique

$$(35)\qquad \frac{\partial^2 \mathfrak{H}}{\partial M_1^2}X_1^2 + \frac{\partial^2 \mathfrak{H}}{\partial M_2^2}X_2^2 + \ldots + \frac{\partial^2 \mathfrak{H}}{\partial M_n^2}X_n^2 + 2\sum_{ij}\frac{\partial^2 \mathfrak{H}}{\partial M_i\,\partial M_j}X_i X_j$$

n'est jamais négative; elle n'est égale à zéro que dans le cas où

$$(36)\qquad \frac{X_1}{M_1} = \frac{X_2}{M_2} = \ldots = \frac{X_n}{M_n}.$$

Parmi les conséquences de ce théorème, nous signalerons particulièrement la suivante :

Les quantités

$$\frac{\partial^2 \mathfrak{H}}{\partial M_1^2} = \frac{\partial F_1}{\partial M_1}, \qquad \frac{\partial^2 \mathfrak{H}}{\partial M_2^2} = \frac{\partial F_2}{\partial M_2}, \qquad \ldots, \qquad \frac{\partial^2 \mathfrak{H}}{\partial M_n^2} = \frac{\partial F_n}{\partial M_n}$$

sont toujours positives.

Considérons le cas où deux substances seulement sont mélangées; la forme (35) pourra s'écrire

$$\frac{\partial^2 \mathfrak{H}}{\partial M_1^2}X_1^2 + 2\frac{\partial^2 \mathfrak{H}}{\partial M_1\,\partial M_2}X_1 X_2 + \frac{\partial^2 \mathfrak{H}}{\partial M_2^2}X_2^2$$

ou encore

$$\frac{\partial F_1}{\partial M_1} X_1^2 + \left(\frac{\partial F_1}{\partial M_2} + \frac{\partial F_2}{\partial M_1}\right) X_1 X_2 + \frac{\partial F_2}{\partial M_2} X_2^2. \tag{37}$$

Posons

$$s = \frac{M_2}{M_1}. \tag{38}$$

On sait que les fonctions F_1 et F_2 pourront s'exprimer en fonctions des seules variables s, Π, T, et l'on aura

$$\frac{\partial F_1}{\partial M_1} = \frac{\partial F_1}{\partial s} \frac{\partial s}{\partial M_1}, \qquad \frac{\partial F_1}{\partial M_2} = \frac{\partial F_1}{\partial s} \frac{\partial s}{\partial M_2},$$

$$\frac{\partial F_2}{\partial M_1} = \frac{\partial F_2}{\partial s} \frac{\partial s}{\partial M_1}, \qquad \frac{\partial F_2}{\partial M_2} = \frac{\partial F_2}{\partial s} \frac{\partial s}{\partial M_2}.$$

D'ailleurs l'égalité (38) donne

$$\frac{\partial s}{\partial M_1} = -\frac{s}{M_1}, \qquad \frac{\partial s}{\partial M_2} = \frac{1}{M_1}.$$

La forme (37) peut donc s'écrire

$$-\frac{s}{M_1} \frac{\partial F_1}{\partial s} X_1^2 + \frac{1}{M_1}\left(\frac{\partial F_1}{\partial s} - s\frac{\partial F_2}{\partial s}\right) X_1 X_2 + \frac{1}{M_1} \frac{\partial F_2}{\partial s} X_2^2.$$

L'égalité [Chap. III, égalité (16)]

$$\frac{\partial F_1}{\partial s} + s\frac{\partial F_2}{\partial s} = 0$$

permet de donner de cette forme les deux expressions équivalentes

$$\frac{1}{M_1} \frac{\partial F_2}{\partial s} [X_2 - X_1 s]^2,$$

$$-\frac{s}{M_1} \frac{\partial F_1}{\partial s} [X_2 - X_1 s]^2.$$

Sauf dans le cas particulier où l'on aurait

$$\frac{X_1}{M_1} = \frac{X_2}{M_2},$$

c'est-à-dire

$$X_2 - X_1 s = 0,$$

cette forme doit être positive; on arrive ainsi au théorème suivant :

Dans un mélange de deux substances, de concentration $s = \frac{M_2}{M_1}$, *la quantité*

$$\frac{\partial F_2(s, \Pi, T)}{\partial s}$$

est toujours positive; la quantité

$$\frac{\partial F_1(s, \Pi, T)}{\partial s}$$

est toujours négative.

Ce théorème joue un rôle fondamental dans la Mécanique chimique; on en déduit la stabilité de l'équilibre d'une dissolution saturée en présence du sel solide, d'une dissolution en présence de la vapeur saturée du dissolvant ou au contact du dissolvant congelé; les divers déplacements d'équilibre qui se rapportent à ces cas; l'abaissement du point de congélation d'un liquide, de la tension de vapeur d'un liquide, par la présence, au sein de ce liquide, d'un corps dissous; nous avons donné pour la première fois ces inégalités en 1886 ([1]).

Nous allons faire usage de ces inégalités pour démontrer, dans le cas d'un mélange de deux substances, la proposition qui a été établie d'une manière générale à la fin du paragraphe précédent.

Nous avons, en tout point d'un mélange de deux substances, soumis à l'action de forces extérieures qui admettent une fonction potentielle V [Chap. III, égalités (17)],

$$V + F_2 + \gamma_2 = 0.$$

Cette égalité, différentiée, donne

$$dV + \frac{\partial F_2}{\partial s} ds + \frac{\partial F_2}{\partial \Pi} d\Pi = 0. \tag{39}$$

Considérons un mélange formé des masses M_1, M_2 des fluides 1

([1]) *Le potentiel thermodynamique et ses applications*, p. 35 et 36. Paris, 1886.

et 2; sous la pression Π, à la température T, il occupe un volume v, et l'on a

$$v = \frac{\partial \mathfrak{F}(M_1, M_2, \Pi, T)}{\partial \Pi}$$

et

$$(40) \qquad \frac{\partial v}{\partial M_2} = \frac{\partial F_2}{\partial \Pi}.$$

Soit $\sigma(s, \Pi, T)$ le volume spécifique du susdit mélange; nous aurons

$$v = (M_1 + M_2)\sigma$$

et

$$\frac{\partial v}{\partial M_2} = \sigma + (M_1 + M_2)\frac{\partial \sigma}{\partial s}\frac{\partial s}{\partial M_2}$$

ou, à cause de l'égalité (38),

$$(41) \qquad \frac{\partial v}{\partial M_2} = \sigma + (1 + s)\frac{\partial \sigma}{\partial s}.$$

Les égalités (39), (40) et (41) donnent

$$dV + \frac{\partial F_2}{\partial s}ds + \left[\sigma + (1 + s)\frac{\partial \sigma}{\partial s}\right]d\Pi = 0.$$

Si l'on observe que l'on a

$$dV + \sigma d\Pi = 0,$$

cette égalité se réduit à

$$(42) \qquad \frac{\partial F_2}{\partial s}ds = -(1 + s)\frac{\partial \sigma}{\partial s}d\Pi.$$

Cette égalité (42) donne le théorème suivant :

Si, lorsque la pression est maintenue constante, le volume spécifique d'un mélange varie en sens inverse de la concentrations du mélange, d'un point à l'autre du mélange, la concentration varie dans le même sens que la pression, et vice versa.

Lorsque le corps dissous 2 est un corps non volatil et que le dissolvant 1 est un corps volatil, les lois de la vaporisation de la dissolution permettent, comme nous le verrons dans une autre partie de ce travail, le calcul approché de $\frac{\partial F_2}{\partial s}$; la relation (42) se confond alors avec la relation trouvée par MM. Gouy et Chaperon; elle permet de calculer les variations de la concentration au sein d'une dissolution soumise à l'action de la pesanteur; ces variations sont très faibles.

MM. Gouy et Chaperon ont calculé les variations de concentration pour quatre solutions et pour une hauteur de 100^m; ils ont trouvé les nombres suivants :

	Concentration		
	au fond.	à la surface.	Différence.
Iodure de cadmium......	0,166	0,153	0,013
Nitrate de sodium.......	0,20	0,196	0,004
Sel marin...............	0,11	0,1095	0,005
Sucre..................	0,55	0,546	0,004

§ V. — Autre conséquence, analogue à la précédente.

Envisageons les égalités [Chap. III, égalités (11)]

$$(43)\quad\begin{cases} F_1(\rho, \mu_1, \mu_2, \ldots, \mu_n) = \zeta + \rho\dfrac{\partial\zeta}{\partial\rho} + (1-\mu_1)\dfrac{\partial\zeta}{\partial\mu_1} - \mu_2\dfrac{\partial\zeta}{\partial\mu_2} - \ldots - \mu_n\dfrac{\partial\zeta}{\partial\mu_n}, \\ F_2(\rho, \mu_1, \mu_2, \ldots, \mu_n) = \zeta + \rho\dfrac{\partial\zeta}{\partial\rho} - \mu_1\dfrac{\partial\zeta}{\partial\mu_1} + (1-\mu_2)\dfrac{\partial\zeta}{\partial\mu_2} - \ldots - \mu_n\dfrac{\partial\zeta}{\partial\mu_n}, \\ \ldots\ldots\ldots\ldots\ldots\ldots\ldots\ldots\ldots\ldots, \\ F_n(\rho, \mu_1, \mu_2, \ldots, \mu_n) = \zeta + \rho\dfrac{\partial\zeta}{\partial\rho} - \mu_1\dfrac{\partial\zeta}{\partial\mu_1} - \mu_2\dfrac{\partial\zeta}{\partial\mu_2} - \ldots + (1-\mu_n)\dfrac{\partial\zeta}{\partial\mu_n}. \end{cases}$$

De la première, nous déduisons sans peine

$$\begin{aligned} &\frac{\partial F_1}{\partial\mu_1}\delta\mu_1 + \frac{\partial F_1}{\partial\mu_2}\delta\mu_2 + \ldots + \frac{\partial F_1}{\partial\mu_n}\delta\mu_n \\ &= \rho\left(\frac{\partial^2\zeta}{\partial\rho\,\partial\mu_1}\delta\mu_1 + \frac{\partial^2\zeta}{\partial\rho\,\partial\mu_2}\delta\mu_2 + \ldots + \frac{\partial^2\zeta}{\partial\rho\,\partial\mu_n}\delta\mu_n\right) \\ &\quad+ \left[(1-\mu_1)\frac{\partial^2\zeta}{\partial\mu_1^2} - \mu_2\frac{\partial^2\zeta}{\partial\mu_1\,\partial\mu_2} - \ldots - \mu_n\frac{\partial^2\zeta}{\partial\mu_1\,\partial\mu_n}\right]\delta\mu_1 \\ &\quad+ \left[(1-\mu_1)\frac{\partial^2\zeta}{\partial\mu_1\,\partial\mu_2} - \mu_2\frac{\partial^2\zeta}{\partial\mu_2^2} - \ldots - \mu_n\frac{\partial^2\zeta}{\partial\mu_2\,\partial\mu_n}\right]\delta\mu_2 \\ &\quad+ \ldots\ldots\ldots\ldots\ldots\ldots\ldots\ldots\ldots\ldots \\ &\quad+ \left[(1-\mu_1)\frac{\partial^2\zeta}{\partial\mu_1\,\partial\mu_n} - \mu_2\frac{\partial^2\zeta}{\partial\mu_2\,\partial\mu_n} - \ldots - \mu_n\frac{\partial^2\zeta}{\partial\mu_n^2}\right]\delta\mu_n. \end{aligned}$$

Les $(n-1)$ autres égalités (43) nous fournissent $(n-1)$ autres égalités analogues.

Considérons ces n égalités. Multiplions les deux membres de la première par $\delta\mu_1$, les deux membres de la seconde par $\delta\mu_2, \ldots,$ les deux membres de la dernière par $\delta\mu_n$, et ajoutons membre à membre les résultats obtenus ; nous trouvons sans peine l'égalité suivante

$$\begin{aligned}
&\left(\frac{\partial F_1}{\partial\mu_1}\delta\mu_1 + \frac{\partial F_1}{\partial\mu_2}\delta\mu_2 + \ldots + \frac{\partial F_1}{\partial\mu_n}\delta\mu_n\right)\delta\mu_1 \\
&+ \left(\frac{\partial F_2}{\partial\mu_1}\delta\mu_1 + \frac{\partial F_2}{\partial\mu_2}\delta\mu_2 + \ldots + \frac{\partial F_2}{\partial\mu_n}\delta\mu_n\right)\delta\mu_2 \\
&+ \ldots\ldots\ldots\ldots\ldots\ldots\ldots\ldots\ldots\ldots \\
&+ \left(\frac{\partial F_n}{\partial\mu_1}\delta\mu_1 + \frac{\partial F_n}{\partial\mu_2}\delta\mu_2 + \ldots + \frac{\partial F_n}{\partial\mu_n}\delta\mu_n\right)\delta\mu_n \\
= {} & \frac{\partial^2\zeta}{\partial\mu_1^2}(\delta\mu_1)^2 + \frac{\partial^2\zeta}{\partial\mu_2^2}(\delta\mu_2)^2 + \ldots + \frac{\partial^2\zeta}{\partial\mu_n^2}(\delta\mu_n)^2 + 2\sum_{ij}\frac{\partial^2\zeta}{\partial\mu_i\,\partial\mu_j}\delta\mu_i\,\delta\mu_j \\
&+ \Bigg[\left(\rho\frac{\partial^2\zeta}{\partial\rho\,\partial\mu_1} - \mu_1\frac{\partial^2\zeta}{\partial\mu_1^2} - \mu_2\frac{\partial^2\zeta}{\partial\mu_1\,\partial\mu_2} - \ldots - \mu_n\frac{\partial^2\zeta}{\partial\mu_1\,\partial\mu_n}\right)\delta\mu_1 \\
&+ \left(\rho\frac{\partial^2\zeta}{\partial\rho\,\partial\mu_2} - \mu_1\frac{\partial^2\zeta}{\partial\mu_2\,\partial\mu_1} - \mu_2\frac{\partial^2\zeta}{\partial\mu_2^2} - \ldots - \mu_n\frac{\partial^2\zeta}{\partial\mu_2\,\partial\mu_n}\right)\delta\mu_2 \\
&+ \ldots\ldots\ldots\ldots\ldots\ldots\ldots\ldots\ldots\ldots \\
&+ \left(\rho\frac{\partial^2\zeta}{\partial\rho\,\partial\mu_n} - \mu_1\frac{\partial^2\zeta}{\partial\mu_n\,\partial\mu_1} - \mu_2\frac{\partial^2\zeta}{\partial\mu_n\,\partial\mu_2} - \ldots - \mu_n\frac{\partial^2\zeta}{\partial\mu_n^2}\right)\delta\mu_n\Bigg](\delta\mu_1 + \delta\mu_2 + \ldots + \delta\mu_n)
\end{aligned}$$

Mais on a identiquement

$$\delta\mu_1 + \delta\mu_2 + \ldots + \delta\mu_n = 0.$$

L'égalité précédente peut donc s'écrire

$$(44)\quad \left\{\begin{aligned}
&\frac{\partial F_1}{\partial\mu_1}(\delta\mu_1)^2 + \frac{\partial F_2}{\partial\mu_2}(\delta\mu_2)^2 + \ldots + \frac{\partial F_n}{\partial\mu_n}(\delta\mu_n)^2 + \sum_{ij}\left(\frac{\partial F_i}{\partial\mu_j} + \frac{\partial F_j}{\partial\mu_i}\right)\delta\mu_i\,\delta\mu_j \\
&= \frac{\partial^2\zeta}{\partial\mu_1^2}(\delta\mu_1)^2 + \frac{\partial^2\zeta}{\partial\mu_2^2}(\delta\mu_2)^2 + \ldots + \frac{\partial^2\zeta}{\partial\mu_n^2}(\delta\mu_n)^2 + 2\sum_{ij}\frac{\partial^2\zeta}{\partial\mu_i\,\partial\mu_j}\delta\mu_i\,\delta\mu_j.
\end{aligned}\right.$$

Or nous avons vu (Chap. III, § 2) que la forme quadratique homogène

$$(45)\quad \left\{\begin{aligned}
&\frac{1}{\rho}\frac{\partial\Theta}{\partial\rho}X^2 + \frac{2}{\rho}\frac{\partial\Theta}{\partial\mu_1}XY_1 + \frac{2}{\rho}\frac{\partial\Theta}{\partial\mu_2}XY_2 + \ldots + \frac{2}{\rho}\frac{\partial\Theta}{\partial\mu_n}XY_n \\
&+ \frac{\partial^2(\rho\zeta)}{\partial\mu_1^2}Y_1^2 + \frac{\partial^2(\rho\zeta)}{\partial\mu_2^2}Y_2^2 + \ldots + \frac{\partial^2(\rho\zeta)}{\partial\mu_n^2}Y_n^2 + 2\sum_{ij}\frac{\partial^2(\rho\zeta)}{\partial\mu_i\,\partial\mu_j}Y_iY_j,
\end{aligned}\right.$$

dans laquelle X est une variable arbitraire, tandis que les variables $Y_1, Y_2, \ldots, Y_n$ sont liées par la relation $Y_1 + Y_2 + \ldots + Y_n = 0$, est une forme déterminée positive.

Dans cette forme (45), faisons

$$X = 0,$$
$$Y_1 = \delta\mu_1, \quad Y_2 = \delta\mu_2, \quad \ldots, \quad Y_n = \delta\mu_n,$$

ce qui est permis, puisque l'on a

$$\delta\mu_1 + \delta\mu_2 + \ldots + \delta\mu_n = 0,$$

et la forme (45) se réduira à

$$\rho\left[\frac{\partial^2\zeta}{\partial\mu_1^2}(\delta\mu_1)^2 + \frac{\partial^2\zeta}{\partial\mu_2^2}(\delta\mu_2)^2 + \ldots + \frac{\partial^2\zeta}{\partial\mu_n^2}(\delta\mu_n)^2 + 2\sum_{ij}\frac{\partial^2\zeta}{\partial\mu_i\,\partial\mu_j}\delta\mu_i\,\delta\mu_j\right].$$

On a donc

$$\frac{\partial^2\zeta}{\partial\mu_1^2}(\delta\mu_1)^2 + \frac{\partial^2\zeta}{\partial\mu_2^2}(\delta\mu_2)^2 + \ldots + \frac{\partial^2\zeta}{\partial\mu_n^2}(\delta\mu_n)^2 + 2\sum_{ij}\frac{\partial^2\zeta}{\partial\mu_i\,\partial\mu_j}\delta\mu_i\,\delta\mu_j > 0$$

et, par conséquent, en vertu de l'égalité (44),

$$\frac{\partial F_1}{\partial\mu_1}(\delta\mu_1)^2 + \frac{\partial F_2}{\partial\mu_2}(\delta\mu_2)^2 + \ldots + \frac{\partial F_n}{\partial\mu_n}(\delta\mu_n)^2 + \sum_{ij}\left(\frac{\partial F_i}{\partial\mu_j} + \frac{\partial F_j}{\partial\mu_i}\right)\delta\mu_i\,\delta\mu_j > 0,$$

les quantités $\delta\mu_1, \delta\mu_2, \ldots, \delta\mu_n$ étant seulement assujetties à vérifier l'égalité

$$\delta\mu_1 + \delta\mu_2 + \ldots + \delta\mu_n = 0.$$

D'où la proposition suivante :

La forme quadratique

$$(46)\qquad \frac{\partial F_1}{\partial\mu_1}Y_1^2 + \frac{\partial F_2}{\partial\mu_2}Y_2^2 + \ldots + \frac{\partial F_n}{\partial\mu_n}Y_n^2 + \sum_{ij}\left(\frac{\partial F_i}{\partial\mu_j} + \frac{\partial F_j}{\partial\mu_i}\right)Y_i Y_j,$$

dans laquelle les variables $Y_1, Y_2, \ldots, Y_n$ sont liées seulement par la relation

$$(47)\qquad Y_1 + Y_2 + \ldots + Y_n = 0$$

est une forme déterminée positive.

Cette proposition est tout à fait analogue à celle que nous avons obtenue au paragraphe précédent; nous n'en ferons point usage; elle n'a pour nous qu'un intérêt historique et critique.

M. Gibbs a annoncé ([1]) que la condition de stabilité imposée à l'équilibre d'un mélange homogène exigeait que l'on eût les inégalités

$$\frac{\partial F_1}{\partial \mu_1} > 0, \quad \frac{\partial F_2}{\partial \mu_2} > 0, \quad \ldots, \quad \frac{\partial F_n}{\partial \mu_n} > 0. \tag{48}$$

Si les variables Y_1, Y_2, ..., Y_n n'étaient pas liées par l'égalité (47), les inégalités (48) découleraient, en effet, de la condition précédente; mais l'existence de l'égalité (47) ne permet pas cette déduction.

Prenons, par exemple, le cas où le mélange ne renferme que deux substances; l'égalité (47) se réduit alors à

$$Y_1 + Y_2 = 0$$

et la forme (46) devient

$$\left(\frac{\partial F_1}{\partial \mu_1} + \frac{\partial F_2}{\partial \mu_2} - \frac{\partial F_1}{\partial \mu_2} - \frac{\partial F_2}{\partial \mu_1}\right) Y_1^2.$$

Pour qu'elle soit positive, il faut et il suffit que l'on ait

$$\frac{\partial F_1}{\partial \mu_1} + \frac{\partial F_2}{\partial \mu_2} > \frac{\partial F_1}{\partial \mu_2} + \frac{\partial F_2}{\partial \mu_1};$$

il n'est pas nécessaire, pour cela, que l'on ait

$$\frac{\partial F_1}{\partial \mu_1} > 0, \quad \frac{\partial F_2}{\partial \mu_2} > 0.$$

Le résultat énoncé par M. J. Willard Gibbs n'est donc pas démontré; c'est, sans doute, une des rares inexactitudes que l'on relèverait dans le bel Ouvrage du savant professeur.

([1]) J.-W. GIBBS, *On the equilibrium, etc.*, p. 167, inégalités (167), (168), (169); *Thermodynamische Studien*, p. 131, mêmes inégalités.

CHAPITRE VI.

LE MOUVEMENT DES FLUIDES MÉLANGÉS.

§ I. — Équations du mouvement de fluides mélangés.

Nous allons, dans ce Chapitre, nous occuper des mouvements que peuvent prendre divers fluides lorsqu'ils sont mélangés entre eux. Nous ferons usage, pour mettre ce problème en équations, d'une proposition fondamentale de Thermodynamique, qui constitue une généralisation du principe de d'Alembert, et que nous avons établie ailleurs [1]; nous nous limiterons, d'ailleurs, au cas où les frottements sont nuls dans le système.

Voici quel est, dans ce cas, l'énoncé de la susdite proposition :

Prenons le système avec l'état, les vitesses, les accélérations qu'il possède à l'instant t; les forces extérieures, les forces d'inertie, la température en chaque point sont déterminées; donnons au système une modification *virtuelle;* dans cette modification, les forces extérieures effectuent un travail $d\varpi_e$; les forces d'inertie fournissent un travail $d\tau$; le potentiel thermodynamique interne une variation $\delta\mathfrak{F}$; entre ces quantités, on a la relation

$$(1) \qquad d\varpi_e + d\tau - \delta\mathfrak{F} = 0.$$

Cette relation suppose essentiellement que, dans la modification virtuelle, chaque point matériel, en changeant de place ou d'état, a gardé une température invariable.

Calculons le travail $d\tau$ des forces d'inertie.

Au point géométrique (x, y, z) se trouve, à l'instant t, un point matériel de chacun des fluides 1, 2, ..., n. Le point du fluide i qui se trouve en (x, y, z) à l'instant a une vitesse dont les composantes sont u_i, v_i, w_i et une accélération dont les composantes sont g_i, h_i, k_i.

Le travail virtuel des forces d'inertie a pour valeur

$$(2) \qquad d\tau = -\int \sum_{i=1}^{i=n} \rho_i (g_i \delta_i x + h_i \delta_i y + k_i \delta_i z)\, dv.$$

[1] *Commentaire aux principes de la Thermodynamique*, 3e Partie.

On sait d'ailleurs que l'on a

$$(3)\quad \begin{cases} g_i = \dfrac{\partial u_i}{\partial t} + u_i \dfrac{\partial u_i}{\partial x} + v_i \dfrac{\partial u_i}{\partial y} + w_i \dfrac{\partial u_i}{\partial z}, \\ h_i = \dfrac{\partial v_i}{\partial t} + u_i \dfrac{\partial v_i}{\partial x} + v_i \dfrac{\partial v_i}{\partial y} + w_i \dfrac{\partial v_i}{\partial z}, \\ k_i = \dfrac{\partial w_i}{\partial t} + u_i \dfrac{\partial w_i}{\partial x} + v_i \dfrac{\partial w_i}{\partial y} + w_i \dfrac{\partial w_i}{\partial z}. \end{cases}$$

Les égalités (2) et (3) donnent

$$(4)\quad \begin{cases} d\tau = -\displaystyle\int dv \sum_{i=1}^{i=n} \rho_i \Big[\left(\dfrac{\partial u_i}{\partial t} + u_i \dfrac{\partial u_i}{\partial x} + v_i \dfrac{\partial u_i}{\partial y} + w_i \dfrac{\partial u_i}{\partial z}\right) \delta_i x \\ \qquad + \left(\dfrac{\partial v_i}{\partial t} + u_i \dfrac{\partial v_i}{\partial x} + v_i \dfrac{\partial v_i}{\partial y} + w_i \dfrac{\partial v_i}{\partial z}\right) \delta_i y \\ \qquad + \left(\dfrac{\partial w_i}{\partial t} + u_i \dfrac{\partial w_i}{\partial x} + v_i \dfrac{\partial w_i}{\partial y} + w_i \dfrac{\partial w_i}{\partial z}\right) \delta_i z \Big]. \end{cases}$$

L'expression de $\delta\mathcal{F}$ diffère légèrement de l'expression donnée au § IV du Chapitre II; en effet, en chaque point, la fonction ξ dépend de la température T au même point; dans les questions d'équilibre, la température étant uniforme et constante, nous avions pu laisser de côté cette variable; il n'en est plus de même dans les questions relatives au mouvement.

L'égalité (53) du Chapitre II devra être remplacée par l'égalité

$$(5)\quad \begin{cases} \delta\left[(\rho_1 + \rho_2 + \ldots + \rho_n)\xi\right] = \left(\xi + \rho \dfrac{\partial \xi}{\partial \rho_1}\right)\delta\rho_1 + \left(\xi - \rho \dfrac{\partial \xi}{\partial \rho_2}\right)\delta\rho_2 + \ldots \\ \qquad + \left(\xi + \rho \dfrac{\partial \xi}{\partial \rho_n}\right)\delta\rho_n + \rho \dfrac{\partial \xi}{\partial \mathrm{T}}\delta\mathrm{T}. \end{cases}$$

Mais, au point (x, y, z) où, à l'instant final de la modification virtuelle, la température est $(\mathrm{T} + \delta\mathrm{T})$, se trouve un point matériel de chacun des fluides $1, 2, \ldots, n$. Chacun d'eux a, par hypothèse, été déplacé sans variation de température. Or le point matériel appartenant au fluide i avait, avant le déplacement, les coordonnées

$$x - \delta_i x, \quad y - \delta_i y, \quad z - \delta_i z,$$

et sa température était

$$\mathrm{T} - \left(\frac{\partial \mathrm{T}}{\partial x}\delta_i x + \frac{\partial \mathrm{T}}{\partial y}\delta_i y + \frac{\partial \mathrm{T}}{\partial z}\delta_i z\right).$$

On a donc

$$\delta\mathrm{T} = -\left(\frac{\partial \mathrm{T}}{\partial x}\delta_i x + \frac{\partial \mathrm{T}}{\partial y}\delta_i y + \frac{\partial \mathrm{T}}{\partial z}\delta_i z\right).$$

Cette égalité doit avoir lieu quel que soit l'indice i; les déplacements virtuels $(\delta_1 x, \delta_1 y, \delta_1 z)$, $(\delta_2 x, \delta_2 y, \delta_2 z)$, ..., $(\delta_n x, \delta_n y, \delta_n z)$ ne peuvent donc pas être quelconques; ils doivent être tels que l'on ait en tout point

$$(6)\quad \left\{\begin{aligned} &\frac{\partial T}{\partial x}\delta_1 x + \frac{\partial T}{\partial y}\delta_1 y + \frac{\partial T}{\partial z}\delta_1 z \\ &= \frac{\partial T}{\partial x}\delta_2 x + \frac{\partial T}{\partial y}\delta_2 y + \frac{\partial T}{\partial z}\delta_2 z \\ &= \ldots\ldots\ldots\ldots\ldots\ldots \\ &= \frac{\partial T}{\partial x}\delta_n x + \frac{\partial T}{\partial y}\delta_n y + \frac{\partial T}{\partial z}\delta_n z. \end{aligned}\right.$$

Moyennant ces conditions (6), l'égalité (5) peut s'écrire

$$\begin{aligned} \delta[(\rho_1+\rho_2+\ldots+\rho_n)\xi] = {} & \left(\xi+\rho\frac{\partial\xi}{\partial\rho_1}\right)\delta\rho_1 + \rho_1\frac{\partial\xi}{\partial T}\left(\frac{\partial T}{\partial x}\delta_1 x + \frac{\partial T}{\partial y}\delta_1 y + \frac{\partial T}{\partial z}\delta_1 z\right) \\ & + \left(\xi+\rho\frac{\partial\xi}{\partial\rho_2}\right)\delta\rho_2 + \rho_2\frac{\partial\xi}{\partial T}\left(\frac{\partial T}{\partial x}\delta_2 x + \frac{\partial T}{\partial y}\delta_2 y + \frac{\partial T}{\partial z}\delta_2 z\right) \\ & + \ldots\ldots\ldots\ldots\ldots\ldots\ldots\ldots \\ & + \left(\xi+\rho\frac{\partial\xi}{\partial\rho_1}\right)\delta\rho_n + \rho_n\frac{\partial\xi}{\partial T}\left(\frac{\partial T}{\partial x}\delta_n x + \frac{\partial T}{\partial y}\delta_n y + \frac{\partial T}{\partial z}\delta_n z\right). \end{aligned}$$

Cette égalité, jointe aux égalités (54) du Chapitre II, permet d'écrire

$$\begin{aligned} \delta\mathfrak{F} = -\int dv \sum_{i=1}^{i=n} \Bigg\{ & \left(\xi+\rho\frac{\partial\xi}{\partial\rho_i}\right)\left[\frac{\partial(\rho_i\delta_i x)}{\partial x} + \frac{\partial(\rho_i\delta_i y)}{\partial y} + \frac{\partial(\rho_i\delta_i z)}{\partial z}\right] \\ & + \rho_i\frac{\partial\xi}{\partial T}\left(\frac{\partial T}{\partial x}\delta_i x + \frac{\partial T}{\partial y}\delta_i y + \frac{\partial T}{\partial z}\delta_i z\right)\Bigg\} \\ - \mathbf{S}\, \rho\xi & [\cos(n_i, x)\,\delta x + \cos(n_i, y)\,\delta y + \cos(n_i, z)\,\delta z]\, dS. \end{aligned}$$

Une intégration par parties transforme cette égalité en

$$(7)\quad \left\{\begin{aligned} \delta\mathfrak{F} = \int dv \sum_{i=1}^{i=n} \rho_i \Bigg\{ & \left[\frac{\partial}{\partial x}\left(\xi+\rho\frac{\partial\xi}{\partial\rho_i}\right) - \frac{\partial\xi}{\partial T}\frac{\partial T}{\partial x}\right]\delta_i x \\ & + \left[\frac{\partial}{\partial y}\left(\xi+\rho\frac{\partial\xi}{\partial\rho_i}\right) - \frac{\partial\xi}{\partial T}\frac{\partial T}{\partial y}\right]\delta_i y \\ & - \left[\frac{\partial}{\partial z}\left(\xi+\rho\frac{\partial\xi}{\partial\rho_i}\right) - \frac{\partial\xi}{\partial T}\frac{\partial T}{\partial z}\right]\delta_i z \Bigg\} \\ + \mathbf{S}\,\rho & \left(\rho_1\frac{\partial\xi}{\partial\rho_1} + \rho_2\frac{\partial\xi}{\partial\rho_2} + \ldots + \rho_n\frac{\partial\xi}{\partial\rho_n}\right) \\ & \times [\cos(n_i, x)\,\delta x + \cos(n_i, y)\,\delta y + \cos(n_i, z)\,\delta z]\, dS. \end{aligned}\right.$$

En vertu des égalités (4), (7) et de l'égalité (47) du Chapitre II, l'égalité (1) deviendra

$$
(8)\quad \left\{
\begin{aligned}
&\int dv \sum_{i=1}^{i=n} \rho_i \Big\{ \left[X_i - \frac{\partial}{\partial x}\left(\xi + \rho\frac{\partial \xi}{\partial \rho_i}\right) + \frac{\partial \xi}{\partial T}\frac{\partial T}{\partial x} - \frac{\partial u_i}{\partial t} - u_i\frac{\partial u_i}{\partial x} - v_i\frac{\partial u_i}{\partial y} - w_i\frac{\partial u_i}{\partial z}\right]\delta_i x \\
&\qquad + \left[Y_i - \frac{\partial}{\partial y}\left(\xi + \rho\frac{\partial \xi}{\partial \rho_i}\right) + \frac{\partial \xi}{\partial T}\frac{\partial T}{\partial y} - \frac{\partial v_i}{\partial t} - u_i\frac{\partial v_i}{\partial y} - v_i\frac{\partial v_i}{\partial y} - w_i\frac{\partial v_i}{\partial z}\right]\delta_i y \\
&\qquad + \left[Z_i - \frac{\partial}{\partial z}\left(\xi + \rho\frac{\partial \xi}{\partial \rho_i}\right) + \frac{\partial \xi}{\partial T}\frac{\partial T}{\partial z} - \frac{\partial w_i}{\partial t} - u_i\frac{\partial w_i}{\partial z} - v_i\frac{\partial w_i}{\partial z} - w_i\frac{\partial w_i}{\partial z}\right]\delta_i z \Big\} \\
&+ \mathrm{S}\left[\Pi - \rho\left(\rho_1\frac{\partial \xi}{\partial \rho_1} + \rho_2\frac{\partial \xi}{\partial \rho_2} + \ldots + \rho_n\frac{\partial \xi}{\partial \rho_n}\right)\right] \\
&\qquad\qquad \times [\cos(n_i, x)\,\delta x + \cos(n_i, y)\,\delta y + \cos(n_i, z)\,\delta z]\,dS = 0
\end{aligned}\right.
$$

Dans cette égalité, les quantités $\delta_i x$, $\delta_i y$, $\delta_i z$ ne sont pas arbitraires; elles vérifient, en tout point du fluide, les égalités (6), que l'on peut encore écrire

$$
(6\ bis)\quad \left\{
\begin{aligned}
&\frac{\partial T}{\partial x}\delta_1 x + \frac{\partial T}{\partial y}\delta_1 y + \frac{\partial T}{\partial z}\delta_1 z - \frac{\partial T}{\partial x}\delta_n x - \frac{\partial T}{\partial y}\delta_n y - \frac{\partial T}{\partial z}\delta_n z = 0, \\
&\frac{\partial T}{\partial x}\delta_2 x + \frac{\partial T}{\partial y}\delta_2 y + \frac{\partial T}{\partial z}\delta_2 z - \frac{\partial T}{\partial x}\delta_n x - \frac{\partial T}{\partial y}\delta_n y - \frac{\partial T}{\partial z}\delta_n z = 0, \\
&\ldots\ldots\ldots\ldots\ldots\ldots\ldots\ldots\ldots\ldots\ldots\ldots\ldots\ldots\ldots\ldots, \\
&\frac{\partial T}{\partial x}\delta_{n-1} x + \frac{\partial T}{\partial y}\delta_{n-1} y + \frac{\partial T}{\partial z}\delta_{n-1} z - \frac{\partial T}{\partial x}\delta_n x - \frac{\partial T}{\partial y}\delta_n y - \frac{\partial T}{\partial z}\delta_n z = 0.
\end{aligned}\right.
$$

Dès lors, le calcul des variations nous apprend qu'il doit exister, à chaque instant t, $(n-1)$ fonctions de $x, y, z, \psi_1, \psi_2, \ldots, \psi_{n-1}$, telles que l'égalité (8) ait lieu *identiquement* après que l'on a ajouté au premier membre la quantité

$$
\int dv \sum_{i=1}^{i=n-1} \psi_i\left(\frac{\partial T}{\partial x}\delta_i x + \frac{\partial T}{\partial y}\delta_i y + \frac{\partial T}{\partial z}\delta_i z - \frac{\partial T}{\partial x}\delta_n x - \frac{\partial T}{\partial y}\delta_n y - \frac{\partial T}{\partial z}\delta_n z\right).
$$

Ce théorème, on le voit sans peine, peut encore s'énoncer de la manière suivante :

Il doit exister n fonctions de $x, y, z, t, \psi_1, \psi_2, \ldots, \psi_n$ liées par la relation

$$
(9)\qquad \psi_1 + \psi_2 + \ldots + \psi_n = 0,
$$

telles que l'égalité (8) *ait lieu identiquement si l'on ajoute au premier membre la quantité*

$$\int dv \sum_{i=1}^{i=n} \psi_i \left(\frac{\partial T}{\partial x} \delta_i x + \frac{\partial T}{\partial y} \delta_i y + \frac{\partial T}{\partial z} \delta_i z \right). \tag{10}$$

Ce théorème entraîne les propositions suivantes :

Dans un mélange de n fluides en mouvement, on a

1° *En tout point de la surface du fluide,*

$$\rho \left(\rho_1 \frac{\partial \xi}{\partial \rho_1} + \rho_2 \frac{\partial \xi}{\partial \rho_2} + \ldots + \rho_n \frac{\partial \xi}{\partial \rho_n} \right) = \Pi. \tag{11}$$

2° *En tout point de la masse du fluide,*

$$\left\{ \begin{aligned} X_i - \frac{\partial}{\partial x}\left(\xi + \rho \frac{\partial \xi}{\partial \rho_i}\right) + \left(\frac{\partial \xi}{\partial T} + \frac{1}{\rho_i}\psi_i\right)\frac{\partial T}{\partial x} - \frac{\partial u_i}{\partial t} - u_i \frac{\partial u_i}{\partial x} - v_i \frac{\partial u_i}{\partial y} - w_i \frac{\partial u_i}{\partial z} &= 0, \\ Y_i - \frac{\partial}{\partial y}\left(\xi + \rho \frac{\partial \xi}{\partial \rho_i}\right) + \left(\frac{\partial \xi}{\partial T} + \frac{1}{\rho_i}\psi_i\right)\frac{\partial T}{\partial y} - \frac{\partial v_i}{\partial t} - u_i \frac{\partial v_i}{\partial x} - v_i \frac{\partial v_i}{\partial y} - w_i \frac{\partial v_i}{\partial z} &= 0, \\ Z_i - \frac{\partial}{\partial z}\left(\xi + \rho \frac{\partial \xi}{\partial \rho_i}\right) + \left(\frac{\partial \xi}{\partial T} + \frac{1}{\rho_i}\psi_i\right)\frac{\partial T}{\partial z} - \frac{\partial w_i}{\partial t} - u_i \frac{\partial w_i}{\partial x} - v_i \frac{\partial w_i}{\partial y} - w_i \frac{\partial w_i}{\partial z} &= 0. \end{aligned} \right. \tag{12}$$

Ces égalités (12) vont nous conduire à la définition de la pression en un point pris à l'intérieur d'un mélange fluide en mouvement.

Multiplions la première des égalités (12) par $\rho_i\, dx$, la seconde par $\rho_i\, dy$, la troisième par $\rho_i\, dz$; répétons la même opération pour toutes les valeurs $1, 2, \ldots, n$ de l'indice i, et ajoutons membre à membre toutes les égalités obtenues; nous trouvons le résultat suivant

$$\left\{ \begin{aligned} & dx \sum_{i=1}^{i=n} \rho_i \left(X_i - \frac{\partial u_i}{\partial t} - u_i \frac{\partial u_i}{\partial x} - v_i \frac{\partial u_i}{\partial y} - w_i \frac{\partial u_i}{\partial z} \right) \\ & + dy \sum_{i=1}^{i=n} \rho_i \left(Y_i - \frac{\partial v_i}{\partial t} - u_i \frac{\partial v_i}{\partial x} - v_i \frac{\partial v_i}{\partial y} - w_i \frac{\partial v_i}{\partial z} \right) \\ & + dz \sum_{i=1}^{i=n} \rho_i \left(Z_i - \frac{\partial w_i}{\partial t} - u_i \frac{\partial w_i}{\partial x} - v_i \frac{\partial w_i}{\partial y} - w_i \frac{\partial w_i}{\partial z} \right) \\ = {} & dx \left[\rho \frac{\partial \xi}{\partial T} \frac{\partial T}{\partial x} + \sum_{i=1}^{i=n} \rho_i \frac{\partial}{\partial x}\left(\xi + \rho \frac{\partial \xi}{\partial \rho_i}\right) \right] \\ & + dy \left[\rho \frac{\partial \xi}{\partial T} \frac{\partial T}{\partial y} + \sum_{i=1}^{i=n} \rho_i \frac{\partial}{\partial y}\left(\xi + \rho \frac{\partial \xi}{\partial \rho_i}\right) \right] \\ & + dz \left[\rho \frac{\partial \xi}{\partial T} \frac{\partial T}{\partial z} + \sum_{i=1}^{i=n} \rho_i \frac{\partial}{\partial z}\left(\xi + \rho \frac{\partial \xi}{\partial \rho_i}\right) \right]. \end{aligned} \right. \tag{13}$$

Posons [Chap. V, égalité (8)],

$$\Pi(\rho_1, \rho_2, \ldots, \rho_n, T) = \rho\left(\rho_1 \frac{\partial \xi}{\partial \rho_1} + \rho_2 \frac{\partial \xi}{\partial \rho_2} + \ldots + \rho_n \frac{\partial \xi}{\partial \rho_n}\right). \tag{14}$$

Nous aurons évidemment

$$\left\{\begin{aligned} &\rho \frac{\partial \xi}{\partial T} \frac{\partial T}{\partial x} + \sum_{i=1}^{i=n} \rho_i \frac{\partial}{\partial x}\left(\xi + \rho \frac{\partial \xi}{\partial \rho_i}\right) = \frac{\partial \Pi}{\partial x}, \\ &\rho \frac{\partial \xi}{\partial T} \frac{\partial T}{\partial y} + \sum_{i=1}^{i=n} \rho_i \frac{\partial}{\partial y}\left(\xi + \rho \frac{\partial \xi}{\partial \rho_i}\right) = \frac{\partial \Pi}{\partial y}, \\ &\rho \frac{\partial \xi}{\partial T} \frac{\partial T}{\partial z} + \sum_{i=1}^{i=n} \rho_i \frac{\partial}{\partial z}\left(\xi + \rho \frac{\partial \xi}{\partial \rho_i}\right) = \frac{\partial \Pi}{\partial z}. \end{aligned}\right. \tag{15}$$

D'après l'égalité (11), en tout point de la *surface* du fluide, la quantité Π est égale à la pression; dès lors, nommons *pression en un point* (x, y, z) *de la masse du fluide* la quantité Π définie par l'égalité

$$\Pi = \Pi(\rho_1, \rho_2, \ldots, \rho_n, T), \tag{11 bis}$$

et les égalités (13) et (15) nous donneront les égalités

$$\left\{\begin{aligned} \frac{\partial \Pi}{\partial x} &= \sum_{i=1}^{i=n} \rho_i \left(X_i - \frac{\partial u_i}{\partial t} - u_i \frac{\partial u_i}{\partial x} - v_i \frac{\partial u_i}{\partial y} - w_i \frac{\partial u_i}{\partial z}\right), \\ \frac{\partial \Pi}{\partial y} &= \sum_{i=1}^{i=n} \rho_i \left(Y_i - \frac{\partial v_i}{\partial t} - u_i \frac{\partial v_i}{\partial x} - v_i \frac{\partial v_i}{\partial y} - w_i \frac{\partial v}{\partial z}\right), \\ \frac{\partial \Pi}{\partial z} &= \sum_{i=1}^{i=n} \rho_i \left(Z_i - \frac{\partial w_i}{\partial t} - u_i \frac{\partial w_i}{\partial x} - v_i \frac{\partial w_i}{\partial y} - w_i \frac{\partial w_i}{\partial z}\right). \end{aligned}\right. \tag{16}$$

Revenons aux égalités (12).

Posons [Chap. V, égalités (8)],

$$K_{ij} = K_{ji} = \frac{\partial \xi}{\partial \rho_i} + \frac{\partial \xi}{\partial \rho_j} + \rho \frac{\partial^2 \xi}{\partial \rho_i \partial \rho_j}. \tag{17}$$

Nous aurons

$$\frac{\partial}{\partial x}\left(\xi + \rho \frac{\partial \xi}{\partial \rho_i}\right) = K_{1i} \frac{\partial \rho_1}{\partial x} + K_{2i} \frac{\partial \rho_2}{\partial x} + \ldots + K_{ni} \frac{\partial \rho_n}{\partial x} + \left(\frac{\partial \xi}{\partial T} + \rho \frac{\partial^2 \xi}{\partial \rho_i \partial T}\right) \frac{\partial T}{\partial x},$$

$$\frac{\partial}{\partial y}\left(\xi + \rho \frac{\partial \xi}{\partial \rho_i}\right) = K_{1i} \frac{\partial \rho_1}{\partial y} + K_{2i} \frac{\partial \rho_2}{\partial y} + \ldots + K_{ni} \frac{\partial \rho_n}{\partial y} + \left(\frac{\partial \xi}{\partial T} + \rho \frac{\partial^2 \xi}{\partial \rho_i \partial T}\right) \frac{\partial T}{\partial x},$$

$$\frac{\partial}{\partial z}\left(\xi + \rho \frac{\partial \xi}{\partial \rho_i}\right) = K_{1i} \frac{\partial \rho_1}{\partial z} + K_{2i} \frac{\partial \rho_2}{\partial z} + \ldots + K_{ni} \frac{\partial \rho_n}{\partial z} + \left(\frac{\partial \xi}{\partial T} + \rho \frac{\partial^2 \xi}{\partial \rho_i \partial T}\right) \frac{\partial T}{\partial z}.$$

Moyennant ces égalités, les égalités (12) deviendront

$$(18)\quad\left\{\begin{aligned}
X_i &= K_{1i}\frac{\partial\rho_1}{\partial x} + K_{2i}\frac{\partial\rho_2}{\partial x} + \ldots + K_{ni}\frac{\partial\rho_n}{\partial x} - \left(\frac{1}{\rho_i}\psi_i - \rho\frac{\partial^2\xi}{\partial\rho_i\,\partial T}\right)\frac{\partial T}{\partial x}\\
&\quad + \frac{\partial u_i}{\partial t} + u_i\frac{\partial u_i}{\partial x} + v_i\frac{\partial u_i}{\partial y} + w_i\frac{\partial u_i}{\partial z},\\
Y_i &= K_{1i}\frac{\partial\rho_1}{\partial y} + K_{2i}\frac{\partial\rho_2}{\partial y} + \ldots + K_{ni}\frac{\partial\rho_n}{\partial y} - \left(\frac{1}{\rho_i}\psi_i - \rho\frac{\partial^2\xi}{\partial\rho_i\,\partial T}\right)\frac{\partial T}{\partial y}\\
&\quad + \frac{\partial v_i}{\partial t} + u_i\frac{\partial v_i}{\partial x} + v_i\frac{\partial v_i}{\partial y} + w_i\frac{\partial v_i}{\partial z},\\
Z_i &= K_{1i}\frac{\partial\rho_1}{\partial z} + K_{2i}\frac{\partial\rho_2}{\partial z} + \ldots + K_{ni}\frac{\partial\rho_n}{\partial z} - \left(\frac{1}{\rho_i}\psi_i - \rho\frac{\partial^2\xi}{\partial\rho_i\,\partial T}\right)\frac{\partial T}{\partial z}\\
&\quad + \frac{\partial w_i}{\partial t} + u_i\frac{\partial w_i}{\partial x} + v_i\frac{\partial w_i}{\partial y} + w_i\frac{\partial w_i}{\partial z}.
\end{aligned}\right.$$

A ces $3n$ équations, joignons les *n équations de continuité*

$$(19)\quad \frac{\partial\rho_i}{\partial t} + u_i\frac{\partial\rho_i}{\partial x} + v_i\frac{\partial\rho_i}{\partial y} + w_i\frac{\partial\rho_i}{\partial z} + \rho_i\left(\frac{\partial u_i}{\partial x} + \frac{\partial v_i}{\partial y} + \frac{\partial w_i}{\partial z}\right) = 0,$$

et *nous aurons un système de $4n$ équations aux dérivées partielles du premier ordre entre les $(4n+1)$ fonctions inconnues* ρ_i, u_i, v_i, w_i, T. *Ce système dépend, en outre, de n fonctions auxiliaires* $\psi_1, \psi_2, \ldots, \psi_n$, *liées seulement par la relation*

$$(9)\quad \psi_1 + \psi_2 + \ldots + \psi_n = 0.$$

Pour achever la mise en équations du problème, il faudra, par des hypothèses accessoires :

1° *Se donner la forme de $(n-1)$ des fonctions* $\psi_1, \psi_2, \ldots, \psi_n$;
2° *Se donner une relation nouvelle entre les variables* ρ_i, u_i, v_i, w_i, T.

§ II. — Cas où la température du mélange est uniforme et constante.

L'ignorance où nous sommes relativement aux propriétés des fonctions $\psi_1, \psi_2, \ldots, \psi_n$ rend impossible, pour le moment, l'étude générale des équations que nous venons d'obtenir. Cette étude, au contraire, peut se poursuivre très complètement dans le cas où les mouvements des divers corps mélangés sont assez lents pour que la température soit uniforme et constante.

Si nous faisons cette hypothèse et si nous supposons, en outre, que la force X_i, Y_i, Z_i admette une fonction potentielle V_i, les équations (12) prendront la forme

$$(20)\quad \left\{\begin{aligned} &\frac{\partial u_i}{\partial t}+u_i\frac{\partial u_i}{\partial x}+v_i\frac{\partial u_i}{\partial y}+w_i\frac{\partial u_i}{\partial z}+\frac{\partial}{\partial x}\left(\xi+\rho\frac{\partial\xi}{\partial\rho_i}+V_i\right)=0,\\ &\frac{\partial v_i}{\partial t}+u_i\frac{\partial v_i}{\partial x}+v_i\frac{\partial v_i}{\partial y}+w_i\frac{\partial v_i}{\partial z}+\frac{\partial}{\partial y}\left(\xi+\rho\frac{\partial\xi}{\partial\rho_i}+V_i\right)=0,\\ &\frac{\partial w_i}{\partial t}+u_i\frac{\partial w_i}{\partial x}+v_i\frac{\partial w_i}{\partial y}+w_i\frac{\partial w_i}{\partial z}+\frac{\partial}{\partial z}\left(\xi+\rho\frac{\partial\xi}{\partial\rho_i}+V_i\right)=0\end{aligned}\right.$$

ou encore, en vertu des égalités (12) du Chapitre III,

$$(21)\quad \left\{\begin{aligned} &\frac{\partial u_i}{\partial t}+u_i\frac{\partial u_i}{\partial x}+v_i\frac{\partial u_i}{\partial y}+w_i\frac{\partial u_i}{\partial z}+\frac{\partial}{\partial x}(F_i+V_i)=0,\\ &\frac{\partial v_i}{\partial t}+u_i\frac{\partial v_i}{\partial x}+v_i\frac{\partial v_i}{\partial y}+w_i\frac{\partial v_i}{\partial z}+\frac{\partial}{\partial y}(F_i+V_i)=0,\\ &\frac{\partial w_i}{\partial t}+u_i\frac{\partial w_i}{\partial x}+v_i\frac{\partial w_i}{\partial y}+w_i\frac{\partial w_i}{\partial z}+\frac{\partial}{\partial z}(F_i+V_i)=0.\end{aligned}\right.$$

Ces équations ont exactement la même forme que les équations de l'Hydrodynamique d'un fluide unique, telles que les a données Euler; elles peuvent se traiter d'une manière analogue; en particulier, on pourra leur appliquer des transformations toutes semblables à celles par lesquelles Sir W. Thomson démontre le théorème de Lagrange; on sera alors conduit à la proposition suivante :

Un certain espace est occupé par un mélange de fluides dont chacun est en mouvement; chacun d'eux est soumis à un ensemble de forces extérieures admettant une fonction potentielle; les actions intérieures et les frottements sont nuls; enfin LES MOUVEMENTS SONT ASSEZ LENTS POUR QUE LA TEMPÉRATURE DU SYSTÈME DEMEURE UNIFORME ET CONSTANTE.

Dans ces conditions, si les vitesses de l'un quelconque des fluides mélangés admettent un potentiel à un instant quelconque du mouvement, elles en admettent un pendant toute la durée du mouvement; et cela, lors même que les vitesses de quelques-uns ou de tous les autres fluides n'en admettraient pas.

Ainsi, un fluide dont les masses élémentaires sont animées de mouvements de rotation ne peut, en se diffusant dans un autre fluide dont les masses élémentaires sont privées de mouvements de rotation, communiquer de tels mouvements à ces dernières.

Les équations (20) ont la même forme que les équations hydrodynamiques d'Euler; il est aisé de les transformer de manière à leur donner la forme des équations hydrodynamiques de Lagrange.

A l'instant initial t_0, un point matériel appartenant au fluide i se trouvait au point géométrique (a, b, c); à l'instant t, il se trouve au point géométrique (x_i, y_i, z_i) et sa densité est ρ_i; pour que les lois du mouvement du système de température constante et uniforme soient connues, il faut et il suffit que l'on puisse, étant donnés l'indice i du fluide, les coordonnées initiales a, b, c et l'instant t, calculer les coordonnées x_i, y_i, z_i et la densité ρ_i; les intégrales des équations du mouvement doivent donc être de la forme

$$(22)\quad \begin{cases} x_i = \alpha_i(a, b, c, t), \\ y_i = \beta_i(a, b, c, t), \\ z_i = \gamma_i(a, b, c, t), \\ \rho_i = \mathrm{R}_i(a, b, c, t). \end{cases}$$

Les équations (20) se transforment aisément en

$$(23)\quad \begin{cases} \dfrac{\partial^2\alpha_i}{\partial t^2}\dfrac{\partial\alpha_i}{\partial a} + \dfrac{\partial^2\beta_i}{\partial t^2}\dfrac{\partial\beta_i}{\partial a} + \dfrac{\partial^2\gamma_i}{\partial t^2}\dfrac{\partial\gamma_i}{\partial a} + \dfrac{\partial}{\partial a}\left(\xi + \rho\dfrac{\partial\xi}{\partial\rho_i} + \mathrm{V}_i\right) = 0, \\ \dfrac{\partial^2\alpha_i}{\partial t^2}\dfrac{\partial\alpha_i}{\partial b} + \dfrac{\partial^2\beta_i}{\partial t^2}\dfrac{\partial\beta_i}{\partial b} + \dfrac{\partial^2\gamma_i}{\partial t^2}\dfrac{\partial\gamma_i}{\partial b} + \dfrac{\partial}{\partial b}\left(\xi + \rho\dfrac{\partial\xi}{\partial\rho_i} + \mathrm{V}_i\right) = 0, \\ \dfrac{\partial^2\alpha_i}{\partial t^2}\dfrac{\partial\alpha_i}{\partial c} + \dfrac{\partial^2\beta_i}{\partial t^2}\dfrac{\partial\beta_i}{\partial c} + \dfrac{\partial^2\gamma_i}{\partial t^2}\dfrac{\partial\gamma_i}{\partial c} + \dfrac{\partial}{\partial c}\left(\xi + \rho\dfrac{\partial\xi}{\partial\rho_i} + \mathrm{V}_i\right) = 0. \end{cases}$$

Si l'on observe que l'on a

$$(24)\quad \begin{cases} \dfrac{\partial}{\partial a}\left(\xi + \rho\dfrac{\partial\xi}{\partial\rho_i}\right) = \mathrm{K}_{i1}\dfrac{\partial\mathrm{R}_1}{\partial a} + \mathrm{K}_{i2}\dfrac{\partial\mathrm{R}_2}{\partial a} + \ldots + \mathrm{K}_{in}\dfrac{\partial\mathrm{R}_n}{\partial a}, \\ \dfrac{\partial}{\partial b}\left(\xi + \rho\dfrac{\partial\xi}{\partial\rho_i}\right) = \mathrm{K}_{i1}\dfrac{\partial\mathrm{R}_1}{\partial b} + \mathrm{K}_{i2}\dfrac{\partial\mathrm{R}_2}{\partial b} + \ldots + \mathrm{K}_{in}\dfrac{\partial\mathrm{R}_n}{\partial b}, \\ \dfrac{\partial}{\partial c}\left(\xi + \rho\dfrac{\partial\xi}{\partial\rho_i}\right) = \mathrm{K}_{i1}\dfrac{\partial\mathrm{R}_1}{\partial c} + \mathrm{K}_{i2}\dfrac{\partial\mathrm{R}_2}{\partial c} + \ldots + \mathrm{K}_{in}\dfrac{\partial\mathrm{R}_n}{\partial c}, \end{cases}$$

on voit que les équations (23) nous fournissent $3n$ équations aux dérivées partielles du second ordre entre les $4n$ fonctions inconnues α_i, β_i, γ_i, R_i; pour achever de déterminer ces fonctions, nous adjoindrons aux équations (23) les n équations de continuité

$$\frac{\partial(\rho_i D_i)}{\partial t} = 0, \tag{25}$$

dans lesquelles

$$D_i = \begin{vmatrix} \frac{\partial\alpha_i}{\partial a} & \frac{\partial\beta_i}{\partial a} & \frac{\partial\gamma_i}{\partial a} \\ \frac{\partial\alpha_i}{\partial b} & \frac{\partial\beta_i}{\partial b} & \frac{\partial\gamma_i}{\partial b} \\ \frac{\partial\alpha_i}{\partial c} & \frac{\partial\beta_i}{\partial c} & \frac{\partial\gamma_i}{\partial c} \end{vmatrix}. \tag{26}$$

Nous aurons ainsi les équations de la diffusion isothermique sous une forme analogue à celle que Lagrange a donnée aux équations de l'Hydrodynamique.

Il n'est plus possible d'appliquer une semblable transformation aux équations de la diffusion dans le cas général où la température n'est pas uniforme et constante. Il est bien vrai encore, dans ce cas, que si l'on se donne l'indice i d'un fluide et les coordonnées a, b, c d'un point de ce fluide à l'instant initial, les lois du mouvement devront faire connaître l'état de ce point à l'instant t, et, en particulier, sa température; mais, si nous voulons exprimer ce fait par une équation de la forme

$$T = \theta_i(a, b, c, t),$$

il faudra imposer à nos fonctions θ_i la condition suivante :

Quels que soient les indices i et j, on a

$$\theta_i(a, b, c, t) = \theta_j(a', b', c', t)$$

toutes les fois que l'on a

$$\alpha_i(a, b, c, t) = \alpha_j(a', b', c', t),$$
$$\beta_i(a, b, c, t) = \beta_j(a', b', c', t),$$
$$\gamma_i(a, b, c, t) = \gamma_j(a', b', c', t).$$

Cette condition, qui exprime simplement que, en chaque point géométrique (x, y, z), à chaque instant t, la température a une valeur unique, paraît fort difficile à introduire dans les calculs.

Si nous considérons les trois équations (24) relatives à l'un des fluides que nous étudions, et l'équation (25) correspondante, nous pourrons, par la méthode de Cauchy, en donner un système d'intégrales premières; les résultats obtenus conduiront, suivant la voie indiquée par G. Kirchhoff, aux théorèmes fondamentaux de M. H. von Helmholtz sur la conservation des mouvements tourbillonnaires. Nous pourrons donc énoncer la proposition fondamentale que voici :

Un certain espace est occupé par un mélange de fluides dont chacun est en mouvement; chacun d'eux est soumis à un ensemble de forces extérieures admettant une fonction potentielle; les actions intérieures et les frottements sont nuls; enfin, LES MOUVEMENTS SONT ASSEZ LENTS POUR QUE LA TEMPÉRATURE DU SYSTÈME DEMEURE UNIFORME ET CONSTANTE. *Dans ces conditions, on peut appliquer tous les théorèmes sur la conservation des mouvements tourbillonnaires au mouvement de chacun des fluides considéré isolément.*

§ III. — Cas des gaz parfaits.

Dans les cas particuliers où les fluides mélangés sont des gaz parfaits, l'indépendance des mouvements des divers fluides est encore plus grande.

Dans ce cas, l'égalité (15) du Chapitre I nous donne immédiatement

$$\xi = \frac{1}{\rho} \sum_{i=1}^{i=n} \rho_i [\mathrm{RT}\sigma_i \log \rho_i + \chi_i(\mathrm{T})].$$

De là nous déduisons

$$\begin{aligned}
\frac{\partial \xi}{\partial \rho_i} &= -\frac{1}{\rho^2} \sum_{i=1}^{i=n} \rho_i [\mathrm{RT}\sigma_i \log \rho_i + \chi_i(\mathrm{T})] \\
&\quad - \frac{1}{\rho} [\mathrm{RT}\sigma_i(1 + \log \rho_i) + \chi_i(\mathrm{T})], \\
\frac{\partial^2 \xi}{\partial \rho_i^2} &= -\frac{2}{\rho^3} \sum_{i=1}^{i=n} \rho_i [\mathrm{RT}\sigma_i \log \rho_i + \chi_i(\mathrm{T})] \\
&\quad - \frac{2}{\rho^2} [\mathrm{RT}\sigma_i(1 + \log \rho_i) + \chi_i(\mathrm{T})] + \frac{\mathrm{RT}\sigma_i}{\rho\rho_i}, \\
\frac{\partial^2 \xi}{\partial \rho_i \partial \rho_j} &= -\frac{2}{\rho^3} \sum_{i=1}^{i=n} \rho_i [\mathrm{RT}\sigma_i \log \rho_i + \chi_i(\mathrm{T})] \\
&\quad - \frac{1}{\rho^2} [\mathrm{RT}\sigma_i(1 + \log \rho_i) + \chi_i(\mathrm{T}) + \mathrm{RT}\sigma_j(1 + \log \rho_j) + \chi_j(\mathrm{T})].
\end{aligned}$$

Dès lors, d'après la formule (17),

$$\mathrm{K}_{ii} = 2\frac{\partial \xi}{\partial \rho_i} + \rho \frac{\partial^2 \xi}{\partial \rho_i^2} = \frac{\mathrm{RT}\sigma_i}{\rho_i}, \qquad \mathrm{K}_{ij} = \frac{\partial \xi}{\partial \rho_i} + \frac{\partial \xi}{\partial \rho_j} + \rho \frac{\partial^2 \xi}{\partial \rho_i \partial \rho_j} = 0 \quad (i \gtrless j).$$

Les égalités (20) deviennent

$$(27)\quad \left\{\begin{aligned} &\frac{\partial u_i}{\partial t} + u_i\frac{\partial u_i}{\partial x} + v_i\frac{\partial u_i}{\partial y} + w_i\frac{\partial u_i}{\partial z} + \frac{RT\sigma_i}{\rho_i}\frac{\partial \rho_i}{\partial x} + \frac{\partial V_i}{\partial x} = 0,\\ &\frac{\partial v_i}{\partial t} + u_i\frac{\partial v_i}{\partial x} + v_i\frac{\partial v_i}{\partial y} + w_i\frac{\partial v_i}{\partial z} + \frac{RT\sigma_i}{\rho_i}\frac{\partial \rho_i}{\partial y} + \frac{\partial V_i}{\partial y} = 0,\\ &\frac{\partial w_i}{\partial t} + u_i\frac{\partial w_i}{\partial x} + v_i\frac{\partial w_i}{\partial y} + w_i\frac{\partial w_i}{\partial z} + \frac{RT\sigma_i}{\rho_i}\frac{\partial \rho_i}{\partial z} + \frac{\partial V_i}{\partial z} = 0. \end{aligned}\right.$$

Or les équations (27) sont précisément celles qui régleraient la détente isothermique du gaz i, s'il existait seul à la place du mélange. Nous pouvons donc énoncer le théorème suivant :

Un certain espace est occupé par un mélange de gaz parfaits dont chacun est en mouvement; les actions intérieures et les frottements sont nuls; LES MOUVEMENTS SONT ASSEZ LENTS POUR QUE LA TEMPÉRATURE DU SYSTÈME DEMEURE UNIFORME ET CONSTANTE; *dans ces conditions, chacun des gaz se meut suivant les mêmes lois que s'il était isolé des autres.*

§ IV. — Propagation du son dans un mélange fluide.

La proposition que nous venons d'obtenir entraîne la conséquence suivante :

Si le son se propageait dans un mélange gazeux sans variation de température, chacun des gaz propagerait le son comme s'il existait seul; en sorte que, à partir d'un centre d'ébranlement unique, on observerait n ondes, dont chacune se propagerait avec une vitesse particulière.

L'expérience ne confirme pas cette conclusion; en particulier, dans l'air, on observe une seule vitesse de propagation du son, et non pas deux vitesses, l'une relative à l'oxygène et l'autre à l'azote; ce fait prouve, ce que l'on sait déjà être vrai, que la propagation du son n'est pas un phénomène isothermique.

Ce fait d'expérience que, dans un mélange d'un nombre quelconque de fluides, le son se propage avec une vitesse unique, nous amène à examiner une question dont nous allons, tout d'abord, indiquer l'énoncé :

Nous dirons que les n fluides qui forment un mélange sont animés d'un *mouvement commun* lorsque nous aurons, en tout point et à tout instant,

$$u_1 = u_2 = \ldots = u_n,$$
$$v_1 = v_2 = \ldots = v_n,$$
$$w_1 = w_2 = \ldots = w_n.$$

Dans un tel mouvement, les points matériels des fluides $1, 2, \ldots, n$, qui, à un instant donné t_0, sont unis ensemble en un même point géométrique, sont aussi unis ensemble, à tout instant t, en un même point géométrique.

Dans un pareil mouvement, on peut considérer le système découpé en éléments, chaque élément étant, pour toute la durée du mouvement, formé par les mêmes masses des fluides $1, 2, \ldots, n$. On peut alors parler de la quantité de chaleur dégagée, pendant un élément de temps, par l'un de ces éléments du système, tandis que cette expression n'aurait aucun sens si les divers fluides mélangés n'étaient pas animés d'un mouvement commun.

En particulier, on pourra admettre que la quantité de chaleur dégagée pendant chaque élément de temps par chacun des systèmes élémentaires est égale à zéro. Les fluides qui forment le mélange seront alors animés d'un *mouvement commun et adiabatique.*

Nous allons prendre un fluide mixte dont les divers éléments soient soustraits à l'action de toute force extérieure; l'état naturel de ce fluide sera alors un état homogène; nous supposerons qu'une perturbation quelconque y engendre un mouvement infiniment petit et *nous allons nous demander si les fluides mélangés pourront être animés d'un mouvement commun et adiabatique, infiniment petit.*

Si un fluide, primitivement homogène, éprouve un mouvement infiniment petit, les quantités

$$\begin{array}{lllll}
u_i, & \dfrac{\partial u_i}{\partial x}, & \dfrac{\partial u_i}{\partial y}, & \dfrac{\partial u_i}{\partial z}, & \dfrac{\partial u_i}{\partial t}, \\
v_i, & \dfrac{\partial v_i}{\partial x}, & \dfrac{\partial v_i}{\partial y}, & \dfrac{\partial v_i}{\partial z}, & \dfrac{\partial v_i}{\partial t}, \\
w_i, & \dfrac{\partial w_i}{\partial x}, & \dfrac{\partial w_i}{\partial y}, & \dfrac{\partial w_i}{\partial z}, & \dfrac{\partial w_i}{\partial t}, \\
 & \dfrac{\partial \rho_i}{\partial x}, & \dfrac{\partial \rho_i}{\partial y}, & \dfrac{\partial \rho_i}{\partial z}, & \dfrac{\partial \rho_i}{\partial t}, \\
 & \dfrac{\partial T}{\partial x}, & \dfrac{\partial T}{\partial y}, & \dfrac{\partial T}{\partial z}, & \dfrac{\partial T}{\partial t}
\end{array}$$

ont des valeurs infiniment petites et nous pourrons, dans les équations, négliger les termes où figure le carré de l'une de ces quantités ou le produit de deux d'entre elles.

Les équations (12), où nous supposons

$$X_i = 0, \qquad Y_i = 0, \qquad Z_i = 0,$$

peuvent alors s'écrire

$$(28) \quad \begin{cases} K_{1i}\dfrac{\partial\rho_1}{\partial x} + K_{2i}\dfrac{\partial\rho_2}{\partial x} + \ldots + K_{ni}\dfrac{\partial\rho_n}{\partial x} + \left(\rho\dfrac{\partial^2\xi}{\partial\rho_i\,\partial T} - \dfrac{\psi_i}{\rho_i}\right)\dfrac{\partial T}{\partial x} + \dfrac{\partial u_i}{\partial t} = 0, \\ K_{1i}\dfrac{\partial\rho_1}{\partial y} + K_{2i}\dfrac{\partial\rho_2}{\partial y} + \ldots + K_{ni}\dfrac{\partial\rho_n}{\partial y} + \left(\rho\dfrac{\partial^2\xi}{\partial\rho_i\,\partial T} - \dfrac{\psi_i}{\rho_i}\right)\dfrac{\partial T}{\partial y} + \dfrac{\partial v_i}{\partial t} = 0, \\ K_{1i}\dfrac{\partial\rho_1}{\partial z} + K_{2i}\dfrac{\partial\rho_2}{\partial z} + \ldots + K_{ni}\dfrac{\partial\rho_n}{\partial z} + \left(\rho\dfrac{\partial^2\xi}{\partial\rho_i\,\partial T} - \dfrac{\psi_i}{\rho_i}\right)\dfrac{\partial T}{\partial z} + \dfrac{\partial w_i}{\partial t} = 0. \end{cases}$$

Les équations (19) peuvent s'écrire

$$(29) \qquad \frac{\partial\rho_i}{\partial t} + \rho_i\left(\frac{\partial u_i}{\partial x} + \frac{\partial v_i}{\partial y} + \frac{\partial w_i}{\partial z}\right) = 0.$$

Les égalités (28), différentiées par rapport à t, nous donnent, après suppression des termes infiniment petits du second ordre,

$$(28\ bis) \quad \begin{cases} K_{1i}\dfrac{\partial^2\rho_1}{\partial x\,\partial t} + K_{2i}\dfrac{\partial^2\rho_2}{\partial x\,\partial t} + \ldots + K_{ni}\dfrac{\partial^2\rho_n}{\partial x\,\partial t} + \left(\rho\dfrac{\partial^2\xi}{\partial\rho_i\,\partial T} - \dfrac{\psi_i}{\rho_i}\right)\dfrac{\partial^2 T}{\partial x\,\partial t} + \dfrac{\partial^2 u_i}{\partial t^2} = 0, \\ K_{1i}\dfrac{\partial^2\rho_1}{\partial y\,\partial t} + K_{2i}\dfrac{\partial^2\rho_2}{\partial y\,\partial t} + \ldots + K_{ni}\dfrac{\partial^2\rho_n}{\partial y\,\partial t} + \left(\rho\dfrac{\partial^2\xi}{\partial\rho_i\,\partial T} - \dfrac{\psi_i}{\rho_i}\right)\dfrac{\partial^2 T}{\partial y\,\partial t} + \dfrac{\partial^2 v_i}{\partial t^2} = 0, \\ K_{1i}\dfrac{\partial^2\rho_1}{\partial z\,\partial t} + K_{2i}\dfrac{\partial^2\rho_2}{\partial z\,\partial t} + \ldots + K_{ni}\dfrac{\partial^2\rho_n}{\partial z\,\partial t} + \left(\rho\dfrac{\partial^2\xi}{\partial\rho_i\,\partial T} - \dfrac{\psi_i}{\rho_i}\right)\dfrac{\partial^2 T}{\partial z\,\partial t} + \dfrac{\partial^2 w_i}{\partial t^2} = 0. \end{cases}$$

De même, les égalités (29), différentiées par rapport à x, à y ou à z donnent

$$(29\ bis) \quad \begin{cases} \dfrac{\partial^2\rho_i}{\partial x\,\partial t} + \rho_i\dfrac{\partial}{\partial x}\left(\dfrac{\partial u_i}{\partial x} + \dfrac{\partial v_i}{\partial y} + \dfrac{\partial w_i}{\partial z}\right) = 0, \\ \dfrac{\partial^2\rho_i}{\partial y\,\partial t} + \rho_i\dfrac{\partial}{\partial y}\left(\dfrac{\partial u_i}{\partial x} + \dfrac{\partial v_i}{\partial y} + \dfrac{\partial w_i}{\partial z}\right) = 0, \\ \dfrac{\partial^2\rho_i}{\partial z\,\partial t} + \rho_i\dfrac{\partial}{\partial z}\left(\dfrac{\partial u_i}{\partial x} + \dfrac{\partial v_i}{\partial y} + \dfrac{\partial w_i}{\partial z}\right) = 0. \end{cases}$$

Nous avons supposé seulement, jusqu'ici, que le mouvement était infiniment petit; supposons-le maintenant commun aux divers fluides; les quantités u_i, v_i, w_i auront des valeurs indépendantes de l'indice i; représentons ces valeurs par u, v, w.

Les équations (28 *bis*) et (29 *bis*) nous donneront alors les équations

$$(30)\quad\begin{cases}(\rho_1 K_{1i}+\rho_2 K_{2i}+\ldots+\rho_n K_{ni})\dfrac{\partial}{\partial x}\left(\dfrac{\partial u}{\partial x}+\dfrac{\partial v}{\partial y}+\dfrac{\partial w}{\partial z}\right)+\left(\dfrac{\psi_i}{\rho_i}-\rho\dfrac{\partial^2\xi}{\partial\rho_i\,\partial T}\right)\dfrac{\partial^2 T}{\partial x\,\partial t}-\dfrac{\partial^2 u}{\partial t^2}=0,\\ (\rho_1 K_{1i}+\rho_2 K_{2i}+\ldots+\rho_n K_{ni})\dfrac{\partial}{\partial y}\left(\dfrac{\partial u}{\partial x}+\dfrac{\partial v}{\partial y}+\dfrac{\partial w}{\partial z}\right)+\left(\dfrac{\psi_i}{\rho_i}-\rho\dfrac{\partial^2\xi}{\partial\rho_i\,\partial T}\right)\dfrac{\partial^2 T}{\partial y\,\partial t}-\dfrac{\partial^2 v}{\partial t^2}=0,\\ (\rho_1 K_{1i}+\rho_2 K_{2i}+\ldots+\rho_n K_{ni})\dfrac{\partial}{\partial z}\left(\dfrac{\partial u}{\partial x}+\dfrac{\partial v}{\partial y}+\dfrac{\partial w}{\partial z}\right)+\left(\dfrac{\psi_i}{\rho_i}-\rho\dfrac{\partial^2\xi}{\partial\rho_i\,\partial T}\right)\dfrac{\partial^2 T}{\partial z\,\partial t}-\dfrac{\partial^2 w}{\partial t^2}=0.\end{cases}$$

Cherchons à introduire dans ces équations (30) la troisième condition imposée au mouvement du mélange, celle d'être adiabatique.

Soit Δ la dilatation commune éprouvée, pendant le temps dt, par tous les fluides qui composent la masse dm du mélange. Soit δT la variation éprouvée, pendant le même temps, par la température de la masse dm du mélange. *Si la modification est adiabatique*, nous aurons [Chap. V, égalité (13)]

$$(31)\qquad \left(\rho_1\frac{\partial^2\xi}{\partial\rho_1\,\partial T}+\rho_2\frac{\partial^2\xi}{\partial\rho_2\,\partial T}+\ldots+\rho_n\frac{\partial^2\xi}{\partial\rho_n\,\partial T}\right)\Delta=\frac{\partial^2\xi}{\partial T^2}\delta T.$$

Mais nous aurons aussi [Chap. V, égalités (7)]

$$\frac{\delta\rho_1}{\rho_1}=\frac{\delta\rho_2}{\rho_2}=\ldots=\frac{\delta\rho_n}{\rho_n}=-\Delta,$$

en sorte que l'égalité (31) pourra s'écrire

$$(32)\qquad \frac{\partial^2\xi}{\partial\rho_1\,\partial T}\delta\rho_1+\frac{\partial^2\xi}{\partial\rho_2\,\partial T}\delta\rho_2+\ldots+\frac{\partial^2\xi}{\partial\rho_n\,\partial T}\delta\rho_n+\frac{\partial^2\xi}{\partial T^2}\delta T=0.$$

Nous aurons, d'ailleurs,

$$\delta\rho_i=\left(\frac{\partial\rho_i}{\partial t}+u\frac{\partial\rho_i}{\partial x}+v\frac{\partial\rho_i}{\partial y}+w\frac{\partial\rho_i}{\partial z}\right)dt,$$
$$\delta T=\left(\frac{\partial T}{\partial t}+u\frac{\partial T}{\partial x}+v\frac{\partial T}{\partial y}+w\frac{\partial T}{\partial z}\right)dt$$

ou, en négligeant les infiniment petits du troisième ordre,

$$\delta\rho_i=\frac{\partial\rho_i}{\partial t}dt,$$
$$\delta T=\frac{\partial T}{\partial t}dt.$$

L'égalité (32) devient donc

$$(33)\qquad \frac{\partial^2\xi}{\partial\rho_1\,\partial T}\frac{\partial\rho_1}{\partial t}+\frac{\partial^2\xi}{\partial\rho_2\,\partial T}\frac{\partial\rho_2}{\partial t}+\ldots+\frac{\partial^2\xi}{\partial\rho_n\,\partial T}\frac{\partial\rho_n}{\partial t}+\frac{\partial^2\xi}{\partial T^2}\frac{\partial T}{\partial t}=0$$

ou bien, en vertu des égalités (29),

$$(34)\qquad \left\{\begin{aligned}&\left(\rho_1\frac{\partial^2\xi}{\partial\rho_1\,\partial T}+\rho_2\frac{\partial^2\xi}{\partial\rho_2\,\partial T}+\ldots+\rho_n\frac{\partial^2\xi}{\partial\rho_n\,\partial T}\right)\left(\frac{\partial u}{\partial x}+\frac{\partial v}{\partial y}+\frac{\partial w}{\partial z}\right)\\&\qquad\qquad -\frac{\partial^2\xi}{\partial T^2}\frac{\partial T}{\partial t}=0.\end{aligned}\right.$$

Différentions cette égalité (34) par rapport à x, y ou z, en négligeant les infiniment petits du second ordre, et nous trouverons les égalités

$$(35)\qquad \left\{\begin{aligned}&\left(\rho_1\frac{\partial^2\xi}{\partial\rho_1\,\partial T}+\rho_2\frac{\partial^2\xi}{\partial\rho_2\,\partial T}+\ldots+\rho_n\frac{\partial^2\xi}{\partial\rho_n\,\partial T}\right)\frac{\partial}{\partial x}\left(\frac{\partial u}{\partial x}+\frac{\partial v}{\partial y}+\frac{\partial w}{\partial z}\right)-\frac{\partial^2\xi}{\partial T^2}\frac{\partial^2 T}{\partial x\,\partial t}=0,\\&\left(\rho_1\frac{\partial^2\xi}{\partial\rho_1\,\partial T}+\rho_2\frac{\partial^2\xi}{\partial\rho_2\,\partial T}+\ldots+\rho_n\frac{\partial^2\xi}{\partial\rho_n\,\partial T}\right)\frac{\partial}{\partial y}\left(\frac{\partial u}{\partial x}+\frac{\partial v}{\partial y}+\frac{\partial w}{\partial z}\right)-\frac{\partial^2\xi}{\partial T^2}\frac{\partial^2 T}{\partial y\,\partial t}=0,\\&\left(\rho_1\frac{\partial^2\xi}{\partial\rho_1\,\partial T}+\rho_2\frac{\partial^2\xi}{\partial\rho_2\,\partial T}+\ldots+\rho_n\frac{\partial^2\xi}{\partial\rho_n\,\partial T}\right)\frac{\partial}{\partial z}\left(\frac{\partial u}{\partial x}+\frac{\partial v}{\partial y}+\frac{\partial w}{\partial z}\right)-\frac{\partial^2\xi}{\partial T^2}\frac{\partial^2 T}{\partial z\,\partial t}=0.\end{aligned}\right.$$

Posons

$$(36)\qquad \frac{\rho_i(\rho_1 K_{1i}+\rho_2 K_{2i}+\ldots+\rho_n K_{ni})\dfrac{\partial^2\xi}{\partial T^2}+\left(\rho\rho_i\dfrac{\partial^2\xi}{\partial\rho_i\,\partial T}-\psi_i\right)\left(\rho_1\dfrac{\partial^2\xi}{\partial\rho_1\,\partial T}+\rho_2\dfrac{\partial^2\xi}{\partial\rho_2\,\partial T}+\ldots+\rho_n\dfrac{\partial^2\xi}{\partial\rho_n\,\partial T}\right)}{\dfrac{\partial^2\xi}{\partial T^2}}=\Lambda_i$$

et les équations (30) deviendront

$$(37)\qquad \left\{\begin{aligned}&\Lambda_i\frac{\partial}{\partial x}\left(\frac{\partial u}{\partial x}+\frac{\partial v}{\partial y}+\frac{\partial w}{\partial z}\right)-\frac{\partial^2 u}{\partial t^2}=0,\\&\Lambda_i\frac{\partial}{\partial y}\left(\frac{\partial u}{\partial x}+\frac{\partial v}{\partial y}+\frac{\partial w}{\partial z}\right)-\frac{\partial^2 v}{\partial t^2}=0,\\&\Lambda_i\frac{\partial}{\partial z}\left(\frac{\partial u}{\partial x}+\frac{\partial v}{\partial y}+\frac{\partial w}{\partial z}\right)-\frac{\partial^2 w}{\partial t^2}=0.\end{aligned}\right.$$

Pour que de semblables égalités puissent avoir lieu, il faut et il suffit que Λ_i ait une valeur indépendante de l'indice i.

Nous allons voir que cette condition, jointe à l'égalité

$$(9)\qquad \psi_1+\psi_2+\ldots+\psi_n=0,$$

détermine les fonctions $\psi_1, \psi_2, \ldots, \psi_n$.

Désignons par A la valeur, indépendante, i de A_i. Posons

$$(\text{37})\qquad H(\rho_1, \rho_2, \ldots, \rho_n, T) = \rho\left(\rho_1 \frac{\partial \xi}{\partial \rho_1} + \rho_2 \frac{\partial \xi}{\partial \rho_2} + \ldots + \rho_n \frac{\partial \xi}{\partial \rho_n}\right).$$

En remplaçant, dans les égalités (36), les quantités K_{ij} par leurs valeurs déduites des égalités (17), on voit sans peine que ces égalités (36) peuvent s'écrire

$$(38)\qquad \rho_i \frac{\partial H}{\partial \rho_i} \frac{\partial^2 \xi}{\partial T^2} + \rho_i \frac{\partial H}{\partial T} \frac{\partial^2 \xi}{\partial \rho_i \partial T} - \frac{1}{\rho} \psi_i \frac{\partial H}{\partial T} = \rho_i A \frac{\partial^2 \xi}{\partial T^2}.$$

Ajoutons membre à membre ces n égalités (38), en tenant compte de l'égalité (9), et nous trouverons

$$(39)\qquad \rho \frac{\partial^2 \xi}{\partial T^2} A = \sum_{i=1}^{i=n} \rho_i \left(\frac{\partial H}{\partial \rho_i} \frac{\partial^2 \xi}{\partial T^2} + \frac{\partial H}{\partial T} \frac{\partial^2 \xi}{\partial \rho_i \partial T}\right).$$

A étant déterminé par cette égalité, les égalités (38) nous font connaître les fonctions $\psi_1, \psi_2, \ldots, \psi_n$; si nous posons

$$(40)\qquad J_i = \left(\frac{\partial H}{\partial \rho_i} \frac{\partial^2 \xi}{\partial T^2} + \frac{\partial H}{\partial T} \frac{\partial^2 \xi}{\partial \rho_i \partial T}\right),$$

nous aurons

$$(41)\qquad \frac{1}{\rho_i} \frac{\partial H}{\partial T} \psi_i = \rho_1(J_i - J_1) + \rho_2(J_i - J_2) + \ldots + \rho_n(J_i - J_n).$$

Sous cette forme, on voit clairement que

$$(9)\qquad \psi_1 + \psi_2 + \ldots + \psi_n = 0.$$

Les égalités (41) déterminent donc la forme que doivent avoir les fonctions $\psi_1, \psi_2, \ldots, \psi_n$, pour que les n fluides mélangés puissent être animés d'un mouvement commun, infiniment petit et adiabatique.

Les équations qui déterminent les composantes d'un pareil mouvement sont les équations (37), où A_i doit être remplacé par A.

Dans le cas où il existe un potentiel des vitesses, $\varphi(x, y, z, t)$, on a

$$u = -\frac{\partial \varphi}{\partial x}, \qquad v = -\frac{\partial \varphi}{\partial y}, \qquad w = -\frac{\partial \varphi}{\partial z}$$

et les égalités (37), où A_i a une valeur indépendante de x, y, z, t, peuvent s'écrire

$$(42)\quad \frac{\partial}{\partial x}\left(A\Delta\varphi - \frac{\partial^2\varphi}{\partial t^2}\right) = 0, \qquad \frac{\partial}{\partial y}\left(A\Delta\varphi - \frac{\partial^2\varphi}{\partial t^2}\right) = 0, \qquad \frac{\partial}{\partial z}\left(A\Delta\varphi - \frac{\partial^2\varphi}{\partial t^2}\right) = 0.$$

Si le fluide est en repos à l'infini, ces équations se transforment en

$$(43)\qquad A\Delta\varphi - \frac{\partial^2\varphi}{\partial t^2} = 0.$$

Nous avons vu (Chap. V, § II) que A, quantité essentiellement positive, était le quotient du coefficient de détente adiabatique du mélange par la densité totale de ce mélange. L'égalité (43) reproduit donc l'équation bien connue des petits mouvements adiabatiques d'un fluide unique.

§ V. — Détermination des fonctions ψ_i.

L'intérêt de l'étude précédente consiste surtout en ce qu'elle nous conduit à une hypothèse propre à déterminer les fonctions ψ_i.

Nous avons vu que, pour qu'un mélange fluide pût présenter un mouvement commun, infiniment petit et adiabatique, il fallait que les fonctions ψ_i eussent les valeurs déterminées par les égalités (40) et (41); nous sommes alors conduits à formuler l'HYPOTHÈSE suivante :

Dans un mouvement quelconque du mélange fluide, les fonctions ψ_i sont déterminées par les égalités (40) *et* (41).

Dans les équations de la diffusion, ψ_i figure seulement dans l'expression

$$\frac{\psi_i}{\rho_i} - \rho\,\frac{\partial^2\xi}{\partial\rho_i\,\partial T}.$$

Les égalités (40) et (41) nous donnent

$$(44)\qquad \frac{\partial H}{\partial T}\left(\frac{\psi_i}{\rho_i} - \rho\,\frac{\partial^2\xi}{\partial\rho_i\,\partial T}\right) = \rho\,\frac{\partial^2\xi}{\partial T^2}\left(\frac{\partial H}{\partial\rho_i} - A\right).$$

Moyennant ces égalités (44), les équations (18), qui définissent d'une manière générale le mouvement de n fluides mélangés, deviennent

$$(45)\quad \left\{\begin{aligned}
X_i &= K_{1i}\frac{\partial\rho_1}{\partial x} + K_{2i}\frac{\partial\rho_2}{\partial x} + \ldots + K_{ni}\frac{\partial\rho_n}{\partial x} + \rho\,\frac{\dfrac{\partial^2\xi}{\partial T^2}}{\dfrac{\partial H}{\partial T}}\left(\Lambda - \frac{\partial H}{\partial\rho_i}\right)\frac{\partial T}{\partial x}\\
&\quad + \frac{\partial u_i}{\partial t} + u_i\frac{\partial u_i}{\partial x} + v_i\frac{\partial u_i}{\partial y} + w_i\frac{\partial u_i}{\partial z},\\
Y_i &= K_{1i}\frac{\partial\rho_1}{\partial y} + K_{2i}\frac{\partial\rho_2}{\partial y} + \ldots + K_{ni}\frac{\partial\rho_n}{\partial y} + \rho\,\frac{\dfrac{\partial^2\xi}{\partial T^2}}{\dfrac{\partial H}{\partial T}}\left(\Lambda - \frac{\partial H}{\partial\rho_i}\right)\frac{\partial T}{\partial y}\\
&\quad + \frac{\partial v_i}{\partial t} + u_i\frac{\partial v_i}{\partial x} + v_i\frac{\partial v_i}{\partial y} + w_i\frac{\partial v_i}{\partial z},\\
Z_i &= K_{1i}\frac{\partial\rho_1}{\partial z} + K_{2i}\frac{\partial\rho_2}{\partial z} + \ldots + K_{ni}\frac{\partial\rho_n}{\partial z} + \rho\,\frac{\dfrac{\partial^2\xi}{\partial T^2}}{\dfrac{\partial H}{\partial T}}\left(\Lambda - \frac{\partial H}{\partial\rho_i}\right)\frac{\partial T}{\partial z}\\
&\quad + \frac{\partial w_i}{\partial t} + u_i\frac{\partial w_i}{\partial x} + v_i\frac{\partial w_i}{\partial y} + w_i\frac{\partial w_i}{\partial z},
\end{aligned}\right.$$

avec

$$(17)\qquad K_{ij} = K_{ji} = \frac{\partial\xi}{\partial\rho_i} + \frac{\partial\xi}{\partial\rho_j} + \rho\,\frac{\partial^2\xi}{\partial\rho_i\,\partial\rho_j},$$

$$(14)\qquad H(\rho_1, \rho_2, \ldots, \rho_n, T) = \rho\left(\rho_1\frac{\partial\xi}{\partial\rho_1} + \rho_2\frac{\partial\xi}{\partial\rho_2} + \ldots + \rho_n\frac{\partial\xi}{\partial\rho_n}\right),$$

$$(39)\qquad \rho\,\frac{\partial^2\xi}{\partial T^2}\,\Lambda = \sum_{i=1}^{i=n}\rho_i\left(\frac{\partial H}{\partial\rho_i}\,\frac{\partial^2\xi}{\partial T^2} + \frac{\partial H}{\partial T}\,\frac{\partial^2\xi}{\partial\rho_i\,\partial T}\right).$$

A ces équations, si l'on joint les équations de continuité

$$(19)\qquad \frac{\partial\rho_i}{\partial t} + \frac{\partial}{\partial x}(\rho u_i) + \frac{\partial}{\partial y}(\rho v_i) + \frac{\partial}{\partial z}(\rho w_i) = 0,$$

on aura un système de $4n$ équations aux dérivées partielles du premier ordre entre les $(4n+1)$ fonctions inconnues de x, y, z, t :

$$u_i,\quad v_i,\quad w_i,\quad \rho_i,\quad T.$$

Pour achever la mise en équations du problème, il faudra toujours invoquer une nouvelle relation qui ne peut être fournie par la Thermodynamique.

Pour se rendre un compte exact de la portée des théories exposées dans ce Chapitre, il est essentiel de se souvenir que l'on a fait l'hypothèse simplificatrice représentée par l'égalité (12) du Chapitre I, hypothèse qui supprime les actions intérieures, et qu'en outre on a supposé nuls les frottements intérieurs. Ces hypothèses ne sont certainement pas toujours justifiées; elles ne le sont sans doute pas dans le problème classique de la diffusion des sels dans un dissolvant.

CHAPITRE VII.

LES PHÉNOMÈNES D'OSMOSE.

§ I. — Condition générale de l'équilibre osmotique.

Deux volumes fluides v et v' sont séparés par une cloison C (*fig.* 2). Le volume v renferme certains fluides $a, \ldots, l$, pour

Fig. 2.

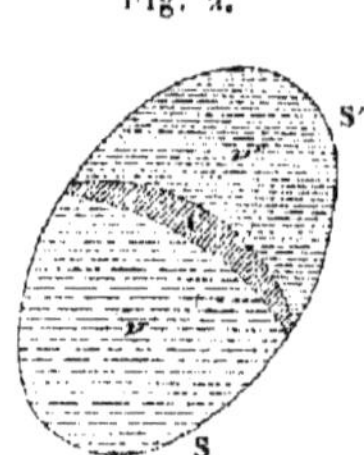

lesquels la cloison C est rigoureusement imperméable, et d'autres fluides $1, \ldots, n$ pour lesquels la cloison C est perméable; de même, le volume v' renferme, outre les fluides $1, \ldots, n$, certains fluides $\alpha, \ldots, \lambda$ pour lesquels la cloison C est imperméable.

Soient $M_a, \ldots, M_l$ les masses des fluides $a, \ldots, l$ contenues dans le volume v; soient $M_\alpha, \ldots, M_\lambda$ les masses des fluides $\alpha, \ldots, \lambda$ contenues dans le volume v'; soient $M_1, \ldots, M_n$ les masses des corps 1, ..., n contenues dans le volume v; soient enfin M'_1, M'_2, ..., M'_n les masses des mêmes corps, contenues dans le volume v'; dans toute modification virtuelle du système, les égalités suivantes devront être respectées :

$$
(1)\quad \left\{\begin{array}{lll}
M_a = \text{const.}, & \ldots, & M_l = \text{const.},\\
M_\alpha = \text{const.}, & \ldots, & M_\lambda = \text{const.},\\
M_1 + M'_1 = \text{const.}, & \ldots, & M_n + M'_n = \text{const.}
\end{array}\right.
$$

Ces égalités peuvent encore s'écrire, en employant la notation définie au Chapitre I, § V,

$$
(2)\quad \left\{\begin{array}{lll}
\int_v \rho_a\, dv = \text{const.}, & \ldots, & \int_v \rho_l\, dv = \text{const.},\\
\int_{v'} \rho_\alpha\, dv' = \text{const.}, & \ldots, & \int_{v'} \rho_\lambda\, dv' = \text{const.},\\
\int_v \rho_1\, dv + \int_{v'} \rho'_1\, dv' = \text{const.}, & \ldots, & \int_v \rho_n\, dv + \int_{v'} \rho'_n\, dv' = \text{const.},
\end{array}\right.
$$

ou bien encore

$$
(3)\quad \left\{\begin{array}{l}
\int_v \delta\rho_a\, dv - \mathbf{S}_S\, \rho_a [\cos(n_i, x)\,\delta x + \cos(n_i, y)\,\delta y + \cos(n_i, z)\,\delta z]\, dS = 0,\\
\ldots\ldots\ldots\ldots\ldots\ldots\ldots\ldots\ldots\ldots\ldots\ldots\ldots\ldots,\\
\int_v \delta\rho_l\, dv - \mathbf{S}_S\, \rho_l [\cos(n_i, x)\,\delta x + \cos(n_i, y)\,\delta y + \cos(n_i, z)\,\delta z]\, dS = 0,
\end{array}\right.
$$

$$
(4)\quad \left\{\begin{array}{l}
\int_{v'} \delta\rho_\alpha\, dv' - \mathbf{S}_{S'}\, \rho_\alpha [\cos(n'_i, x)\,\delta' x + \cos(n'_i, y)\,\delta' y + \cos(n'_i, z)\,\delta' z]\, dS' = 0,\\
\ldots\ldots\ldots\ldots\ldots\ldots\ldots\ldots\ldots\ldots\ldots\ldots\ldots\ldots,\\
\int_{v'} \delta\rho_\lambda\, dv' - \mathbf{S}_{S'}\, \rho_\lambda [\cos(n'_i, x)\,\delta' x + \cos(n'_i, y)\,\delta' y + \cos(n'_i, z)\,\delta' z]\, dS' = 0,
\end{array}\right.
$$

$$
(5)\quad \left\{\begin{array}{l}
\int_v \delta\rho_1\, dv - \mathbf{S}_S\, \rho_1 [\cos(n_i, x)\,\delta x + \cos(n_i, y)\,\delta y + \cos(n_i, z)\,\delta z]\, dS\\
\quad + \int_{v'} \delta\rho'_1\, dv' - \mathbf{S}_{S'}\, \rho'_1 [\cos(n'_i, x)\,\delta' x + \cos(n'_i, y)\,\delta' y + \cos(n'_i, z)\,\delta' z]\, dS' = 0,\\
\ldots\ldots\ldots\ldots\ldots\ldots\ldots\ldots\ldots\ldots\ldots\ldots\ldots\ldots,\\
\int_v \delta\rho_n\, dv - \mathbf{S}_S\, \rho_n [\cos(n_i, x)\,\delta x + \cos(n_i, y)\,\delta y + \cos(n_i, z)\,\delta z]\, dS\\
\quad + \int_{v'} \delta\rho'_n\, dv' - \mathbf{S}_{S'}\, \rho'_n [\cos(n'_i, x)\,\delta' x + \cos(n'_i, y)\,\delta' y + \cos(n'_i, z)\,\delta' z]\, dS' = 0.
\end{array}\right.
$$

Nous supposerons que chacun des éléments dS de la surface S est soumis à une force dont les composantes sont

$$P\cos(P, x)\,dS, \quad P\cos(P, y)\,dS, \quad P\cos(P, z)\,dS;$$

que chacun des éléments dS' de la surface S' est soumis à une force dont les composantes sont

$$P'\cos(P', x)\,dS', \quad P'\cos(P', y)\,dS', \quad P'\cos(P', z)\,dS';$$

enfin, que chaque élément de masse dM_i du fluide i est soumis à une force extérieure dont les composantes sont

$$X_i\,dM_i, \quad Y_i\,dM_i, \quad Z_i\,dM_i.$$

Ces hypothèses faites, nous allons chercher les conditions d'équilibre du système.

Nous pourrons, en premier lieu, imposer au système une modification virtuelle dans laquelle le volume v' demeure inaltéré avec tous les fluides qu'il renferme; la considération d'une semblable modification conduira à cette conclusion que le volume v doit être en équilibre de lui-même. Reportons-nous à ce qui a été dit au Chapitre IV, § II, et nous pourrons énoncer les propositions suivantes :

1° *Il existe des fonctions potentielles* $V_a, \ldots, V_l, V_1, \ldots, V_n$, *telles que l'on ait, en tout point du volume* v,

$$X_i\,dx + Y_i\,dy + Z_i\,dz = -\,dV_i. \tag{6}$$

2° *Il existe une quantité* Π, *jamais négative, uniforme, finie et continue en tout point du volume* v, *telle que l'on ait*

$$\rho_a\,dV_a + \ldots + \rho_l\,dV_l + \rho_1\,dV_1 + \ldots + \rho_n\,dV_n + d\Pi = 0. \tag{7}$$

3° *En tout point de la surface* S, *on a*

$$\left\{\begin{array}{l} P\cos(P, x) = \Pi\cos(n_i, x), \\ P\cos(P, y) = \Pi\cos(n_i, y), \\ P\cos(P, z) = \Pi\cos(n_i, z). \end{array}\right. \tag{8}$$

4° *En tout point de la masse du fluide qui remplit le volume* v, *on a*

$$\Pi = \rho\left(\rho_1\frac{\partial\xi}{\partial\rho_1} + \ldots + \rho_n\frac{\partial\xi}{\partial\rho_n} + \rho_a\frac{\partial\xi}{\partial\rho_a} + \ldots + \rho_l\frac{\partial\xi}{\partial\rho_l}\right). \tag{9}$$

5° *En tout point de la masse du fluide qui remplit le volume v, on a*

$$(10)\qquad V_a + \xi + \rho\frac{\partial\xi}{\partial\rho_a} + \gamma_a = 0, \quad \ldots, \quad V_l + \xi + \rho\frac{\partial\xi}{\partial\rho_l} + \gamma_l = 0,$$

$$(11)\qquad V_1 + \xi + \rho\frac{\partial\xi}{\partial\rho_1} + \gamma_1 = 0, \quad \ldots, \quad V_n + \xi + \rho\frac{\partial\xi}{\partial\rho_n} + \gamma_n = 0,$$

$\gamma_a, \ldots, \gamma_l, \gamma_1, \ldots, \gamma_n$ *étant des constantes.*

De même, le volume v' doit être en équilibre de lui-même, ce qui donne les conditions suivantes :

1° *Il existe des fonctions potentielles* $V_\alpha, \ldots, V_\lambda, V_1, \ldots, V_n$, *telles que l'on ait, en tout point du volume* v',

$$(6\,bis)\qquad X_i\,dx + Y_i\,dy + Z_i\,dz = -dV_i.$$

2° *Il existe une quantité* Π', *jamais négative, uniforme, finie et continue en tout point du volume* v', *telle que l'on ait*

$$(7\,bis)\qquad \rho_\alpha\,dV_\alpha + \ldots + \rho_\lambda\,dV_\lambda + \rho'_1\,dV_1 + \ldots + \rho'_n\,dV_n + d\Pi' = 0.$$

3° *En tout point de la surface* S', *on a*

$$(8\,bis)\qquad \left\{\begin{aligned} P'\cos(P', x) &= \Pi'\cos(n'_i, x),\\ P'\cos(P', y) &= \Pi'\cos(n'_i, y),\\ P'\cos(P', z) &= \Pi'\cos(n'_i, z).\end{aligned}\right.$$

4° *En tout point du volume* v', *on a*

$$(9\,bis)\qquad \Pi' = \rho'\left(\rho'_1\frac{\partial\xi'}{\partial\rho'_1} + \ldots + \rho'_n\frac{\partial\xi'}{\partial\rho'_n} + \rho_\alpha\frac{\partial\xi'}{\partial\rho_\alpha} + \ldots + \rho_\lambda\frac{\partial\xi'}{\partial\rho_\lambda}\right).$$

5° *En tout point du volume* v', *on a*

$$(10\,bis)\qquad V_\alpha + \xi' + \rho'\frac{\partial\xi'}{\partial\rho_\alpha} + \gamma_\alpha = 0, \quad \ldots, \quad V_\lambda + \xi' + \rho'\frac{\partial\xi'}{\partial\rho_\lambda} + \gamma_\lambda = 0,$$

$$(11\,bis)\qquad V_1 + \xi' + \rho'\frac{\partial\xi'}{\partial\rho'_1} + \gamma'_1 = 0, \quad \ldots, \quad V_n + \xi' + \rho'\frac{\partial\xi'}{\partial\rho'_n} + \gamma'_n = 0,$$

$\gamma_\alpha, \ldots, \gamma_\lambda, \gamma'_1, \ldots, \gamma'_n$ *étant des constantes.*

Ces résultats obtenus, considérons la modification virtuelle la plus générale du système, modification assujettie seulement aux conditions (3), (4) et (5); les conditions d'équilibre s'obtiendront en exprimant que, pour une semblable modification, on a

$$d\mathfrak{T}_e - \delta\mathcal{F} = 0. \tag{12}$$

Les égalités (6), (8), (6 *bis*) et (8 *bis*) montrent que le travail $d\mathfrak{T}_e$ des forces extérieures peut s'exprimer de la manière suivante :

$$(13)\quad \begin{cases} d\mathfrak{T}_e = -\int_v (V_a\,\delta\rho_a + \ldots + V_l\,\delta\rho_l + V_1\,\delta\rho_1 + \ldots + V_n\,\delta\rho_n)\,dv \\ \quad + \mathbf{S}_S(\rho_a V_a + \ldots + \rho_l V_l + \rho_1 V_1 + \ldots + \rho_n V_n - \Pi) \\ \quad \times[\cos(n_i, x)\,\delta x + \cos(n_i, y)\,\delta y + \cos(n_i, z)\,\delta z]\,dS \\ \quad - \int_{v'} (V_\alpha\,\delta\rho_\alpha + \ldots + V_\lambda\,\delta\rho_\lambda + V_1\,\delta\rho'_1 + \ldots + V_n\,\delta\rho'_n)\,dv' \\ \quad + \mathbf{S}_{S'}(\rho_\alpha V_\alpha + \ldots + \rho_\lambda V_\lambda + \rho'_1 V_1 + \ldots + \rho'_n V_n - \Pi') \\ \quad \times[\cos(n'_i, x)\,\delta' x + \cos(n'_i, y)\,\delta' y + \cos(n'_i, z)\,\delta' z]\,dS'. \end{cases}$$

D'autre part, on a

$$(14)\quad \begin{cases} \delta\mathcal{F} = \int_v \left[\frac{\partial(\rho\xi)}{\partial\rho_a}\delta\rho_a + \ldots + \frac{\partial(\rho\xi)}{\partial\rho_l}\delta\rho_l + \frac{\partial(\rho\xi)}{\partial\rho_1}\delta\rho_1 + \ldots + \frac{\partial(\rho\xi)}{\partial\rho_n}\delta\rho_n\right]dv \\ \quad - \mathbf{S}_S \rho\xi[\cos(n_i, x)\,\delta x + \cos(n_i, y)\,\delta y + \cos(n_i, z)\,\delta z]\,dS \\ \quad + \int_{v'} \left[\frac{\partial(\rho'\xi')}{\partial\rho_\alpha}\delta\rho_\alpha + \ldots + \frac{\partial(\rho'\xi')}{\partial\rho_\lambda}\delta\rho_\lambda + \frac{\partial(\rho'\xi')}{\partial\rho'_1}\delta\rho'_1 + \ldots + \frac{\partial(\rho'\xi')}{\partial\rho'_n}\delta\rho'_n\right]dv' \\ \quad - \mathbf{S}_{S'} \rho'\xi'[\cos(n'_i, x)\,\delta' x + \cos(n'_i, y)\,\delta' y + \cos(n'_i, z)\,\delta' z]\,dS'. \end{cases}$$

Si l'on tient compte des égalités (9), (10), (11), (9 *bis*), (10 *bis*), (11 *bis*), on voit sans peine que les égalités (13) et (14) donnent

$$\begin{aligned} d\mathfrak{T}_e - \delta\mathcal{F} = {} & \int_v (\gamma_a\,\delta\rho_a + \ldots + \gamma_l\,\delta\rho_l + \gamma_1\,\delta\rho_1 + \ldots + \gamma_n\,\delta\rho_n)\,dv \\ & - \mathbf{S}_S(\gamma_a\rho_a + \ldots + \gamma_l\rho_l + \gamma_1\rho_1 + \ldots + \gamma_n\rho_n) \\ & \times[\cos(n_i, x)\,\delta x + \cos(n_i, y)\,\delta y + \cos(n_i, z)\,\delta z]\,dS \\ & + \int_{v'} (\gamma_\alpha\,\delta\rho_\alpha + \ldots + \gamma_\lambda\,\delta\rho_\lambda + \gamma'_1\,\delta\rho'_1 + \ldots + \gamma'_n\,\delta\rho'_n)\,dv' \\ & - \mathbf{S}_{S'}(\gamma_\alpha\rho_\alpha + \ldots + \gamma_\lambda\rho_\lambda + \gamma'_1\rho'_1 + \ldots + \gamma'_n\rho'_n) \\ & \times[\cos(n'_i, x)\,\delta' x + \cos(n'_i, y)\,\delta' y + \cos(n'_i, z)\,\delta' z]\,dS' \end{aligned}$$

ou bien, en vertu des égalités (3) et (4),

$$d\mathfrak{E}_e - \delta\mathfrak{F} = \int_v (\gamma_1 \delta\rho_1 + \ldots + \gamma_n \delta\rho_n)\, dv$$
$$- \mathbf{S}_S (\gamma_1 \rho_1 + \ldots + \gamma_n \rho_n)$$
$$\times [\cos(n_i, x)\, \delta x + \cos(n_i, y)\, \delta y + \cos(n_i, z)\, \delta z]\, dS$$
$$+ \int_{v'} (\gamma'_1 \delta\rho'_1 + \ldots + \gamma'_n \delta\rho'_n)\, dv'$$
$$- \mathbf{S}_{S'} (\gamma'_1 \rho'_1 + \ldots + \gamma'_n \rho'_n)$$
$$\times [\cos(n'_i, x)\, \delta' x + \cos(n'_i, y)\, \delta' y + \cos(n'_i, z)\, \delta' z]\, dS'.$$

D'après l'égalité (12), cette quantité doit être égale à zéro, non pas identiquement, mais seulement sous la condition que les égalités (5) soient vérifiées; il doit donc exister n constantes $C_1, \ldots, C_n$, telles que l'on ait *identiquement*

$$\int_v [(\gamma_1 - C_1)\, \delta\rho_1 + \ldots + (\gamma_n - C_n)\, \delta\rho_n]\, dv$$
$$- \mathbf{S}_S [(\gamma_1 - C_1)\rho_1 + \ldots + (\gamma_n - C_n)\rho_n]$$
$$\times [\cos(n_i, x)\, \delta x + \cos(n_i, y)\, \delta y + \cos(n_i, z)\, \delta z]\, dS$$
$$+ \int_{v'} [(\gamma'_1 - C_1)\, \delta\rho'_1 + \ldots + (\gamma'_n - C_n)\, \delta\rho'_n]\, dv'$$
$$- \mathbf{S}_{S'} [(\gamma'_1 - C_1)\rho_1 + \ldots + \gamma_1 - C_n)\rho'_n]$$
$$\times [\cos(n'_i, x)\, \delta' x + \cos(n'_i, y)\, \delta' y + \cos(n'_i, z)\, \delta' z]\, dS' = 0.$$

Pour que cette condition soit vérifiée, il faut et il suffit que l'on ait :

1° En tout point du volume v,

$$\gamma_1 = C_1, \quad \ldots, \quad \gamma_n = C_n;$$

2° En tout point du volume v',

$$\gamma'_1 = C_1, \quad \ldots, \quad \gamma'_n = C_n.$$

Ces conditions peuvent encore s'écrire

$$(15) \qquad \gamma_1 = \gamma'_1, \quad \ldots, \quad \gamma_n = \gamma'_n.$$

Nous sommes ainsi amené à énoncer, de la manière suivante, *la condition générale de l'équilibre osmotique :*

Soit i l'indice de l'un des fluides pour lesquels la cloison est perméable ; d'un côté de la cloison, la quantité

$$V_i + \xi + \rho \frac{\partial \xi}{\partial \rho_i}$$

a, d'après les lois de l'équilibre des mélanges, une valeur constante $(-\gamma_i)$; *de l'autre côté de la cloison, la quantité*

$$V_i + \xi' + \rho' \frac{\partial \xi'}{\partial \rho'_i}$$

a également une valeur constante $(-\gamma'_i)$; *ces deux valeurs sont égales entre elles.*

Telle est la condition qu'il est nécessaire et suffisant de joindre aux conditions qui expriment que les deux mélanges séparés par la paroi sont isolément en équilibre, pour exprimer les conditions nécessaires et suffisantes de l'équilibre du système.

De part et d'autre de la paroi peut se trouver un même fluide pour lequel la paroi ne soit pas perméable ; par exemple, le fluide α peut être le même que le fluide a ; dans ce cas, les deux quantités

$$V_a + \xi + \rho \frac{\partial \xi}{\partial \rho_a},$$

$$V_a + \xi' + \rho' \frac{\partial \xi'}{\partial \rho'_a}$$

auront bien deux valeurs constantes, $(-\gamma_a)$, $(-\gamma'_a)$; mais *ces deux valeurs ne seront pas nécessairement égales entre elles.*

Par des raisonnements semblables à ceux que nous avons exposés au § IV du Chapitre IV, on peut traiter aisément la *stabilité* de l'équilibre de deux mélanges fluides séparés par une cloison semi-perméable, du moins, dans le cas où les parties déformables des deux surfaces S et S' sont des *surfaces libres ; on ne trouve pas d'autre condition que celles qui expriment la stabilité de l'équilibre de chacun des deux mélanges que la cloison sépare, ceux-ci étant considérés isolément.*

§ II. — Cas où les forces extérieures se réduisent aux pressions extérieures.

Supposons que les diverses fonctions potentielles V_i se réduisent à des constantes que nous pourrons prendre égales à zéro. La formule (7) nous montre que, dans toute l'étendue de la surface S et du volume v, la pression Π a une même valeur; les formules (10) et (11) nous apprennent que, en tout point du volume v, le mélange a la même densité et la même composition. De même, la formule (7 *bis*) nous montre que, dans toute l'étendue de la surface S' et du volume v', la pression Π' a la même valeur (*qui peut être différente de* Π); les formules (10 *bis*) et (11 *bis*) nous apprennent que, en tout point du volume v', le mélange a la même densité et la même composition.

Les égalités (11), (11 *bis*) et (15) nous montrent que l'on doit avoir, dans ce cas,

$$(16)\quad \begin{cases} \xi + \rho \dfrac{\partial \xi}{\partial \rho_1} = \xi' + \rho' \dfrac{\partial \xi'}{\partial \rho'_1}, \\ \dots\dots\dots\dots\dots\dots, \\ \xi + \rho \dfrac{\partial \xi}{\partial \rho_n} = \xi' + \rho' \dfrac{\partial \xi'}{\partial \rho'_n}. \end{cases}$$

Ces égalités peuvent encore se mettre sous une autre forme. Les égalités (12) du Chapitre III donnent

$$(17)\quad \begin{cases} \xi + \rho \dfrac{\partial \xi}{\partial \rho_1} = F_1(M_\alpha, \dots, M_\lambda, M_1, \dots, M_n, \Pi, T), \\ \dots\dots\dots\dots\dots\dots\dots\dots\dots\dots\dots\dots, \\ \xi + \rho \dfrac{\partial \xi}{\partial \rho_n} = F_n(M_\alpha, \dots, M_\lambda, M_1, \dots, M_n, \Pi, T) \end{cases}$$

et aussi

$$(17\ bis)\quad \begin{cases} \xi' + \rho' \dfrac{\partial \xi'}{\partial \rho'_1} = F'_1(M_\alpha, \dots, M_\lambda, M'_1, \dots, M'_n, \Pi', T), \\ \dots\dots\dots\dots\dots\dots\dots\dots\dots\dots\dots\dots, \\ \xi' + \rho' \dfrac{\partial \xi'}{\partial \rho'_n} = F'_n(M_\alpha, \dots, M_\lambda, M'_1, \dots, M'_n, \Pi', T). \end{cases}$$

Dès lors, les égalités (16) peuvent s'écrire

$$(18)\quad \left\{\begin{array}{l} F_1(M_a, \ldots, M_l, M_1, \ldots, M_n, \Pi, T) = F'_1(M_\alpha, \ldots, M_\lambda, M'_1, \ldots, M'_n, \Pi', T), \\ \ldots\ldots\ldots\ldots\ldots\ldots\ldots\ldots\ldots\ldots\ldots\ldots\ldots\ldots\ldots\ldots ; \\ F_n(M_a, \ldots, M_l, M_1, \ldots, M_n, \Pi, T) = F'_n(M_\alpha, \ldots, M_\lambda, M'_1, \ldots, M'_n, \Pi', T). \end{array}\right.$$

De part et d'autre de la cloison, une substance pour laquelle la cloison est perméable doit avoir des fonctions potentielles thermodynamiques de même valeur. C'est sous cette forme que M. Gibbs (¹) a donné les conditions de l'équilibre osmotique.

L'importance de ces conditions est telle, que nous allons en donner une démonstration directe.

Le volume v renferme un mélange homogène composé des masses $M_a, \ldots, M_l, M_1, \ldots, M_n$ des fluides $a, \ldots, l, 1, \ldots, n$; il est soumis à la pression extérieure Π qui en assure l'équilibre hydrostatique; le volume v' renferme un mélange homogène composé des masses $M_\alpha, \ldots, M_\lambda, M'_1, \ldots, M'_n$ des fluides $\alpha, \ldots, \lambda, 1, \ldots, n$; il est soumis à la pression extérieure Π' qui en assure l'équilibre hydrostatique.

Si l'homogénéité des deux mélanges est maintenue, si les deux pressions Π et Π' sont constantes, le système admettra un potentiel thermodynamique total

$$(19)\qquad \Phi = \mathfrak{F} + \mathfrak{F}' + \Pi v + \Pi' v'.$$

Mais on a, d'après les définitions posées au Chapitre III,

$$(20)\quad \left\{\begin{array}{l} \mathfrak{F} + \Pi v = \mathfrak{H}(M_a, \ldots, M_l, M_1, \ldots, M_n, \Pi, T), \\ \mathfrak{F}' + \Pi' v' = \mathfrak{H}'(M_\alpha, \ldots, M_\lambda, M'_1, \ldots, M'_n, \Pi', T). \end{array}\right.$$

Ces égalités (19) et (20) donnent

$$(21)\quad \left\{\begin{array}{l} \Phi = \mathfrak{H}(M_a, \ldots, M_l, M_1, \ldots, M_n, \Pi, T) \\ \qquad + \mathfrak{H}'(M_\alpha, \ldots, M_\lambda, M'_1, \ldots, M'_n, \Pi', T). \end{array}\right.$$

Imaginons que des masses infiniment petites des corps $1, \ldots, n$ traversent la cloison; cherchons la variation subie par Φ; cette variation $\Delta\Phi$ aura pour valeur

$$(22)\qquad \Delta\Phi = \delta\Phi + \frac{1}{2}\delta^2\Phi + \ldots,$$

(¹) J.-W. Gibbs, *On the equilibrium of heterogeneous substances*, p. 138.

avec

$$(23)\qquad \delta\Phi = \frac{\partial\mathfrak{F}}{\partial M_1}\delta M_1 + \ldots + \frac{\partial\mathfrak{F}}{\partial M_n}\delta M_n + \frac{\partial\mathfrak{F}'}{\partial M'_1}\delta M'_1 + \ldots + \frac{\partial\mathfrak{F}'}{\partial M'_n}\delta M'_n,$$

$$(24)\quad \left\{\begin{aligned} \delta^2\Phi = {} & \frac{\partial^2\mathfrak{F}}{\partial M_1^2}(\delta M_1)^2 + \ldots + \frac{\partial\mathfrak{F}}{\partial M_n^2}(\delta M_n)^2 + 2\sum_{ij}\frac{\partial^2\mathfrak{F}}{\partial M_i\,\partial M_j}\delta M_i\,\delta M_j \\ & + \frac{\partial^2\mathfrak{F}'}{\partial M_1'^2}(\delta M'_1)^2 + \ldots + \frac{\partial^2\mathfrak{F}'}{\partial M_n'^2}(\delta M'_n)^2 + 2\sum_{ij}\frac{\partial^2\mathfrak{F}'}{\partial M'_i\,\partial M'_j}\delta M'_i\,\delta M'_j. \end{aligned}\right.$$

Mais on a nécessairement

$$\begin{gathered} \delta M_1 + \delta M'_1 = 0, \\ \ldots\ldots\ldots\ldots\ldots, \\ \delta M_n + \delta M'_n = 0; \end{gathered}$$

on a, en outre, par définition,

$$\begin{aligned} F_1 &= \frac{\partial\mathfrak{F}}{\partial M_1}, & \ldots, \qquad F_n &= \frac{\partial\mathfrak{F}}{\partial M_n}, \\ F'_1 &= \frac{\partial\mathfrak{F}'}{\partial M'_1}, & \ldots, \qquad F'_n &= \frac{\partial\mathfrak{F}'}{\partial M'_n}. \end{aligned}$$

Les égalités (23) et (24) peuvent donc s'écrire

$$(23\ bis)\qquad \delta\Phi = (F_1 - F'_1)\,\delta M_1 + \ldots + (F_n - F'_n)\,\delta M_n,$$

$$(24\ bis)\quad \left\{\begin{aligned} \delta^2\Phi = {} & \left(\frac{\partial^2\mathfrak{F}}{\partial M_1^2} + \frac{\partial^2\mathfrak{F}'}{\partial M_1'^2}\right)(\delta M_1)^2 + \ldots + \left(\frac{\partial^2\mathfrak{F}}{\partial M_n^2} + \frac{\partial^2\mathfrak{F}'}{\partial M_n'^2}\right)(\delta M_n)^2 \\ & + 2\sum_{ij}\left(\frac{\partial^2\mathfrak{F}}{\partial M_i\,\partial M_j} + \frac{\partial^2\mathfrak{F}'}{\partial M'_i\,\partial M'_j}\right)\delta M_i\,\delta M_j. \end{aligned}\right.$$

Nous obtiendrons les conditions d'équilibre du système en écrivant que $\delta\Phi$ est égal à zéro, quelles que soient les quantités $\delta M_1, \ldots, \delta M_n$; nous retrouvons ainsi les conditions (18).

Pour que l'équilibre du système soit stable, il faut et il suffit que $\delta^2\Phi$ soit positif quels que soient $\delta M_1, \ldots, \delta M_n$ (du moins tant que l'on considère seulement des modifications qui conservent l'homogénéité et la densité des deux mélanges); nous obtenons donc cette condition de stabilité :

La forme quadratique

$$(25)\quad \left\{\begin{aligned} & \left(\frac{\partial^2\mathfrak{F}}{\partial M_1^2} + \frac{\partial\mathfrak{F}'}{\partial M_1'^2}\right)X_1^2 + \ldots + \left(\frac{\partial^2\mathfrak{F}}{\partial M_n^2} + \frac{\partial^2\mathfrak{F}'}{\partial M_n'^2}\right)X_n^2 \\ & \qquad + 2\sum_{ij}\left(\frac{\partial^2\mathfrak{F}}{\partial M_i\,\partial M_j} + \frac{\partial^2\mathfrak{F}'}{\partial M'_i\,\partial M'_j}\right)X_i X_j, \end{aligned}\right.$$

où la somme $\sum_{ij}$ s'étend à toutes les combinaisons distinctes des indices 1, ..., *n*, *deux à deux, est une forme définie positive.*

Il est aisé de voir que cette condition est réalisée lorsque la stabilité de chacun des deux mélanges v et v' est isolément assurée.

En effet, la stabilité du mélange v exige (Chap. V, § IV) que la forme quadratique

$$(26)\quad \left\{\begin{aligned} &\frac{\partial^2 \mathfrak{F}}{\partial M_\alpha^2} X_\alpha^2 + \ldots + \frac{\partial^2 \mathfrak{F}}{\partial M_l^2} X_l^2 + \frac{\partial^2 \mathfrak{F}}{\partial M_1^2} X_1^2 + \ldots \\ &\qquad + \frac{\partial^2 \mathfrak{F}}{\partial M_n^2} X_n^2 + 2 \sum_{ij} \frac{\partial^2 \mathfrak{F}}{\partial M_i \partial M_j} X_i X_j, \end{aligned}\right.$$

où la somme $\sum_{ij}$ s'étend à toutes les combinaisons distinctes des indices α, ..., l, 1, ..., n, deux à deux, soit une forme définie positive. La stabilité du mélange v' exige que la forme quadratique

$$(26\ bis)\quad \left\{\begin{aligned} &\frac{\partial^2 \mathfrak{F}'}{\partial M_\alpha^2} X_\alpha^2 + \ldots + \frac{\partial^2 \mathfrak{F}'}{\partial M_\lambda^2} X_\lambda^2 + \frac{\partial^2 \mathfrak{F}'}{\partial M_1'^2} X_1^2 + \ldots \\ &\qquad + \frac{\partial^2 \mathfrak{F}'}{\partial M_n'^2} X_n^2 + 2 \sum_{ij} \frac{\partial^2 \mathfrak{F}'}{\partial M_i \partial M_j} X_i X_j, \end{aligned}\right.$$

où la somme $\sum_{ij}$ s'étend à toutes les combinaisons distinctes des indices α, ..., λ, 1, ..., n, deux à deux, soit une forme définie positive.

Or, il suffit, dans la forme (26), de faire

$$X_\alpha = 0, \quad \ldots, \quad X_l = 0;$$

dans la forme (27), de faire

$$X_\alpha = 0, \quad \ldots, \quad X_\lambda = 0,$$

et d'ajouter ensemble les résultats obtenus, pour reproduire la forme (25), qui ne peut ainsi manquer d'être une forme définie positive.

La condition relative à la forme (25), que nous venons d'énoncer, offre un intérêt; elle permet d'établir la condition importante, relative à un mélange homogène, que nous avons donnée au § IV du Chapitre V, sans qu'il soit nécessaire de passer par les théorèmes que nous avons établis au Chapitre IV.

Considérons, en effet, deux mélanges identiques formés par les fluides 1, 2, ..., n; chacun d'eux renferme les masses M_1, M_2, ..., M_n des fluides 1, 2, ..., n; chacun d'eux est en équilibre sous la pression Π, à la température T. Ces deux mélanges sont séparés par une cloison perméable à tous les fluides 1, 2, ..., n; il est évident, soit *a priori*, soit d'après les égalités (18), qu'un semblable système est en équilibre ; *admettons que cet équilibre est stable;* alors la forme (25) sera une forme définie positive; mais, dans le cas qui nous occupe, nous avons

$$\mathfrak{H} = \mathfrak{H}' = \mathfrak{H}(M_1, M_2, \ldots, M_n, \Pi, T).$$

La forme (25) devient donc

$$2\left[\frac{\partial^2 \mathfrak{H}}{\partial M_1^2} X_1^2 + \frac{\partial^2 \mathfrak{H}}{\partial M_2^2} X_2^2 + \ldots + \frac{\partial^2 \mathfrak{H}}{\partial M_n^2} X_n^2 + 2\sum_{ij} \frac{\partial^2 \mathfrak{H}}{\partial M_i \partial M_j} X_i X_j\right],$$

et nous obtenons cette condition :

La forme quadratique

$$\frac{\partial^2 \mathfrak{H}}{\partial M_1^2} X_1^2 + \frac{\partial^2 \mathfrak{H}}{\partial M_2^2} X_2^2 + \ldots + \frac{\partial^2 \mathfrak{H}}{\partial M_n^2} X_n^2 + 2\sum_{ij} \frac{\partial^2 \mathfrak{H}}{\partial M_i \partial M_j} X_i X_j$$

est une forme définie positive.

C'est la condition établie au § IV du Chapitre V.

§ III. — Problème de M. J.-H. Van't Hoff.

Au lieu de considérer, comme M. J. Willard Gibbs, le problème général que nous avons examiné au paragraphe précédent, M. Van't Hoff s'est borné à l'examen d'un cas plus particulier de l'équilibre osmotique, mais ce cas particulier a une grande importance pour la théorie des dissolutions.

Le volume v' ne renferme qu'un seul fluide 1 (nous le nommerons *le dissolvant*); le volume v renferme, outre le fluide 1, un autre fluide 2 (nous le nommerons *le corps dissous*); la cloison qui sépare ces deux volumes, perméable pour le fluide 1, est imperméable pour le fluide 2.

La fonction F'_1 ne dépend que des variables Π' et T; désignons-la conformément à la notation que nous avons adoptée dans de précédents Mémoires, par $\Psi'_1(\Pi', T)$; posons $s = \frac{M_2}{M_1}$. Les conditions (18) se réduiront ici à la seule égalité

$$F_2(s, \Pi, T) = \Psi'_1(\Pi', T). \tag{27}$$

Cherchons à bien marquer le sens physique de cette égalité.

Un vase (*fig.* 3) est partagé en deux capacités, v et v', par une

Fig. 3.

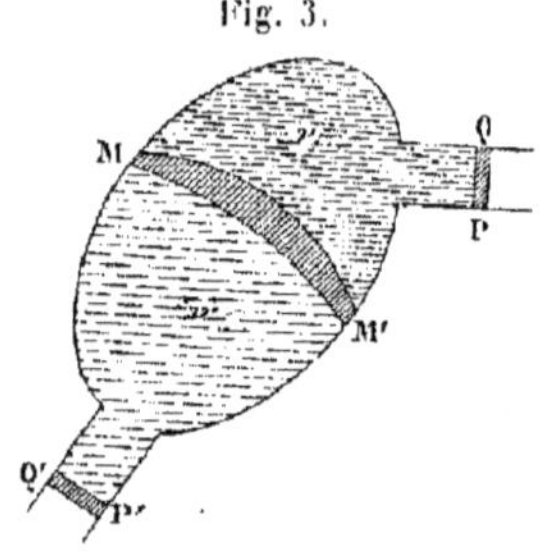

cloison MM', perméable à l'eau, mais imperméable à un certain sel; la capacité v' est remplie d'eau pure; la capacité v est remplie d'une dissolution du sel considéré. Chacune des capacités v et v' est, en outre, fermée par un piston : PQ pour la capacité v, P'Q' pour la capacité v'. L'expérience montre que le piston PQ étant soumis, en chaque point, à la pression Π, l'équilibre n'est établi entre l'eau pure et la dissolution que lorsque l'on applique en chaque point du piston P'Q' une pression Π', différente de Π.

Il résulte de l'égalité (27) que *la pression Π' dépend de la pression Π, de la température, de la nature du sel dissous, de la concentration de la dissolution, mais qu'elle est indépendante de la forme du vase, de la forme et de la nature du diaphragme.*

La pression Π' qu'il faut faire subir à l'eau pure pour la maintenir en équilibre osmotique à la température T avec une *dissolution soumise à la pression* Π *est la pression pour laquelle la fonction potentielle de l'eau pure devient égale à la fonction potentielle de l'eau au sein de la dissolution.*

L'égalité (27) peut s'écrire

$$(28) \qquad \Psi'_1(\Pi, T) - F_1(s, \Pi, T) = \int_{\Pi'}^{\Pi} \frac{\partial \Psi'_1(\varpi, T)}{\partial \varpi} d\varpi.$$

Or une propriété bien connue du potentiel thermodynamique donne

$$\frac{\partial \Psi'_1(\varpi, T)}{\partial \varpi} = u(\varpi, T),$$

$u(\varpi, T)$ étant le volume spécifique de l'eau pure sous la pression ϖ, à la température T; l'égalité (28) pourra donc s'écrire

$$(29) \qquad \Psi'_1(\Pi, T) - F_1(s, \Pi, T) = \int_{\Pi'}^{\Pi} u(\varpi, T)\, d\varpi.$$

Lorsque la concentration s se réduit à zéro, la dissolution devient identique au dissolvant pur; en sorte que l'on a

$$\Psi'_1(\Pi, T) = F_1(0, \Pi, T)$$

et que l'égalité (29) peut s'écrire

$$-\int_0^s \frac{\partial F_1(S, \Pi, T)}{\partial S} dS = \int_{\Pi'}^{\Pi} u(\varpi, T)\, d\varpi.$$

Or nous savons (Chap. V, § IV) que la quantité $\frac{\partial F_1}{\partial S}$ est essentiellement négative; le premier membre est donc essentiellement positif et croissant avec s; pour qu'il en soit de même du second, où $u(\varpi, T)$ est essentiellement positif, il faut que Π soit supérieur à Π' et croisse avec s; ainsi donc *la pression* Π *à laquelle il faut soumettre une dissolution saline pour la maintenir en équilibre avec l'eau pure est toujours supérieure à la pression* Π' *que supporte l'eau pure; elle croît avec la concentration de la dissolution.*

Toutes les formules qui précèdent sont des formules rigoureuses; négligeons maintenant la compressibilité de l'eau, et nous parviendrons à un résultat intéressant.

Dans ce cas, en effet, nous pourrons, dans l'intégrale qui renferme l'égalité (29), regarder $u(\varpi, T)$ comme une quantité indépendante de ϖ; nous la désignerons par $u(T)$, $u(T)$ étant ainsi le volume spécifique de l'eau pure à la température T; l'égalité (29) deviendra

$$(30) \qquad u(T)(\Pi - \Pi') = \Psi'_1(\Pi, T) - F_1(s, \Pi, T).$$

La différence $(\Pi - \Pi')$ est ce que M. J.-H. Van't Hoff nomme la *pression osmotique;* l'égalité (30) peut s'énoncer ainsi :

La pression osmotique, évaluée en colonne d'eau à la température de l'expérience et multipliée par l'intensité de la pesanteur, mesure la différence qui existe, à cette température, entre la fonction potentielle de l'eau pure et la fonction potentielle de l'eau au sein de la dissolution, toutes deux étant prises sous la pression que supporte la dissolution.

L'eau pure, étant, dans deux expériences, soumise à la pression Π', se trouve en équilibre, dans ces deux expériences, avec deux dissolutions aqueuses de deux sels différents; s étant la concentration de la première et $\mathcal{S}$ la concentration de la seconde, on trouve que, pour les maintenir en équilibre avec l'eau pure, on leur doit appliquer une même pression Π; deux telles dissolutions sont dites *dissolutions isotoniques.*

Désignons par $F_1(s, \Pi, T)$ la fonction potentielle de l'eau au sein de la première dissolution et par $\mathcal{F}_1(\mathcal{S}, \Pi, T)$ la fonction potentielle de l'eau au sein de la seconde dissolution. Nous aurons, en vertu de l'égalité (27),

$$F_1(s, \Pi, T) = \Psi'_1(\Pi', T), \qquad \mathcal{F}_1(\mathcal{S}, \Pi, T) = \Psi'_1(\Pi', T),$$

et, par conséquent,

$$(31) \qquad F_1(s, \Pi, T) = \mathcal{F}_1(\mathcal{S}, \Pi, T).$$

Ainsi, *au sein de deux dissolutions isotoniques, sous la pression commune qu'elles supportent, la fonction potentielle du dissolvant commun a la même valeur.*

Ces divers théorèmes montrent à quel point l'étude des pressions qui assurent l'équilibre osmotique entre une dissolution et un dissolvant pur, séparés par une cloison semi-perméable, donnent un sens concret aux fonctions potentielles thermodynamiques; ils sont le lien entre la proposition générale donnée par M. Gibbs et rappelée au paragraphe précédent, et les nombreuses applications imaginées par M. J.-H. Van't Hoff; nous examinerons ces applications dans un autre Mémoire.

§ IV. — L'expérience de Dutrochet.

Nous terminerons cette étude des phénomènes d'osmose par l'étude de la célèbre expérience de Dutrochet.

Une cuve V (*fig.* 4) renferme le dissolvant pur; un osmomètre

Fig. 4.

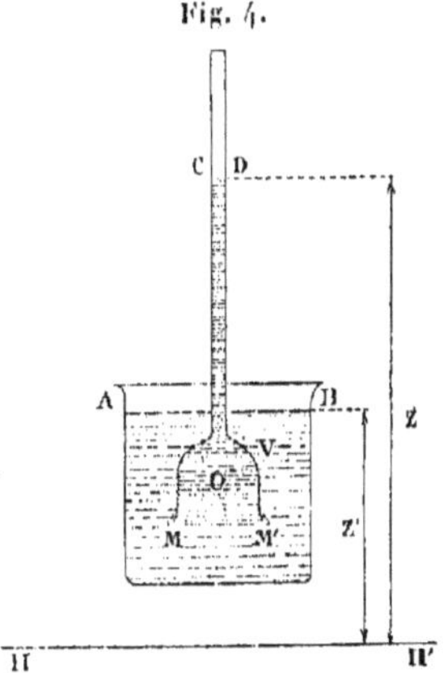

O renferme une dissolution; il est fermé par un diaphragme MM' perméable au dissolvant, mais imperméable au corps dissous. Pour que l'équilibre s'établisse, il faut que le liquide atteigne dans l'osmomètre un niveau AB différent du niveau CD du dissolvant pur que renferme la cuve; quelles sont les lois qui règlent cette différence de niveau? C'est ce que nous nous proposons de rechercher ici.

Les formules générales établies au § I nous fournissent avec une remarquable simplicité la solution de cette question.

Soit V la fonction potentielle des forces agissantes; au sein du dissolvant pur, nous aurons

$$V + \Psi'_1(\varpi, T) + \gamma_1 = 0, \tag{32}$$

et au sein de la dissolution, nous aurons

$$V + F_1(s, \varpi, T) + \gamma_1 = 0, \tag{33}$$

γ_1 représentant, dans les deux cas, la même constante.

Soit z la distance d'un point à un plan horizontal arbitraire HH' (*fig. 4*); soit g l'intensité de la pesanteur; au point considéré, nous pourrons prendre

$$V = gz. \tag{34}$$

Soit Z' la distance du niveau AB de l'eau dans la cuve au plan HH'; soit Π' la pression extérieure en chaque point de la surface AB; l'égalité (32), appliquée à un point de la surface AB, donnera

$$gZ' + \Psi'_1(\Pi', T) + \gamma_1 = 0. \tag{32 bis}$$

Soit Z la distance du niveau CD de la dissolution dans l'osmomètre au plan HH'; soit S la concentration de la dissolution en un point du niveau CD; soit Π la pression extérieure en un point de la surface CD; l'égalité (33), appliquée en un point de la surface CD, donnera

$$gZ + F_1(S, \Pi, T) + \gamma_1 = 0. \tag{33 bis}$$

Des égalités (32 *bis*) et (33 *bis*), on déduit

$$g(Z - Z') = \Psi'_1(\Pi', T) - F_1(S, \Pi, T). \tag{34}$$

La différence des niveaux dans l'osmomètre et dans la cuve, multipliée par l'intensité de la pesanteur, mesure l'excès de la fonction potentielle de l'eau pure à la surface de la cuve sur la fonction potentielle de l'eau, dans la dissolution, au point le plus élevé de l'osmomètre.

Dans le cas où l'expérience est faite dans l'air, la différence (Π — Π') est peu considérable; l'égalité (34) peut s'écrire sensiblement

$$g(Z - Z') = \Psi'_1(\Pi, T) - F_1(S, \Pi, T),$$

ou, en remarquant que

$$\Psi'_1(\Pi, T) = F_1(o, \Pi, T),$$

$$g(Z - Z') = -\int_0^S \frac{\partial F_1(s, \Pi, T)}{\partial s} ds.$$

Or nous savons que $\frac{\partial F_1}{\partial s}$ est essentiellement négatif; *si donc la pression extérieure a sensiblement la même valeur au niveau du liquide dans la cuve et au niveau du liquide dans l'osmomètre, le liquide sera moins élevé dans la cuve que dans l'osmomètre.*

Plus généralement, les deux pressions Π et Π' étant quelconques, l'égalité (34) pourra s'écrire

$$(35) \quad \begin{cases} g(Z - Z') - \int_{\Pi}^{\Pi'} u(\varpi, T)\, d\varpi = \Psi'_1(\Pi, T) - F_1(S, \Pi, T) \\ \qquad = -\int_0^S \frac{\partial F_1(s, \Pi, T)}{\partial s} ds. \end{cases}$$

Si de la différence des niveaux du liquide dans l'osmomètre et dans la cuve, on retranche la hauteur de la colonne du dissolvant qui mesure l'excès de la pression à la surface de la cuve sur la pression au point où le liquide affleure dans l'osmomètre, on obtient une différence toujours positive.

Cette différence, multipliée par l'intensité de la pesanteur, mesure, sous la pression qui règne au sommet de l'osmomètre, l'excès de la fonction potentielle de l'eau pure sur la fonction potentielle de l'eau dans une dissolution aussi concentrée que celle qui forme la couche supérieure de l'osmomètre.

Si l'on néglige la compressibilité du dissolvant pur, cette différence représente la pression osmotique relative à la dissolution qui forme la couche la plus élevée dans l'osmomètre.

Si l'on négligeait la variation que la concentration de la dissolution éprouve par l'effet de la pesanteur, S pourrait être regardé comme la valeur de la concentration en un point quelconque de l'osmomètre. Nous verrons, dans un prochain Mémoire, que l'on peut déterminer, au moins d'une manière approximative, la valeur de $\frac{\partial F_1}{\partial s}$ et, partant, au moyen de la formule (35), calculer la hauteur à laquelle la dissolution monte dans l'osmomètre lorsqu'on se donne la nature de la dissolution et sa concentration S au niveau supérieur; pour les dissolutions de moyenne concentration, cette hauteur est extrêmement grande; dès lors, on est en droit de se demander s'il est permis de négliger l'action que la pesanteur exerce sur la concentration de la dissolution.

Pour éclaircir ce point, nous allons chercher la relation qui existe entre la concentration S au point d'affleurement dans l'osmomètre et la concentration moyenne Σ de la dissolution. Cette dernière est définie comme le rapport de la masse totale M_2 de sel à la masse totale M_1 d'eau que renferme l'osmomètre.

Au point (x, y, z) se trouve, dans l'osmomètre, un élément de volume dv et de masse totale $\rho\, dv$; il renferme une masse d'eau

$$dM_1 = \frac{1}{1+s}\rho\, dv,$$

et une masse de sel

$$M_2 = \frac{s}{1+s}\rho\, dv.$$

On a donc

$$M_1 = \int \frac{1}{1+s}\rho\, dv,$$

$$M_2 = \int \frac{s}{1+s}\rho\, dv,$$

et, par conséquent,

$$\Sigma = \frac{\displaystyle\int \frac{s}{1+s}\rho\, dv}{\displaystyle\int \frac{1}{1+s}\rho\, dv}. \tag{36}$$

Nous supposerons que la concentration varie assez lentement lorsqu'on s'élève dans la dissolution pour que le développement en série de s par rapport à z puisse se limiter au premier terme; au même degré d'approximation, $\frac{ds}{dz}$ aura une valeur constante; cette valeur constante, qui doit être négative (Chap. V, § IV), sera désignée par $(-K)$; en outre, nous supposerons négligeables les termes de l'ordre de K^2 ou de l'ordre du produit de K par la compressibilité de la dissolution.

Nous aurons

$$s = S + K(Z - z). \tag{37}$$

Moyennant l'égalité (37) et les approximations admises, nous aurons

$$\begin{aligned}\int \frac{s}{1+s}\,\rho(s, \varpi, \mathrm{T})\,dv = {} & \mathrm{S}\int \frac{1}{1+s}\,\rho(s, \varpi, \mathrm{T})\,dv \\ & + \mathrm{KZ}\int \frac{1}{1+s}\,\rho(s, \varpi, \mathrm{T})\,dv \\ & - \mathrm{K}\int z\,\frac{1}{1+s}\,\rho(s, \varpi, \mathrm{T})\,dv.\end{aligned}$$

Cette égalité, comparée à l'égalité (36), donne

$$\Sigma = \mathrm{S} + \mathrm{KZ} - \mathrm{K}\,\frac{\displaystyle\int z\,\frac{\rho(s, \varpi, \mathrm{T})}{1+s}\,dv}{\displaystyle\int \frac{\rho(s, \varpi, \mathrm{T})}{1+s}\,dv}. \tag{38}$$

Mais les approximations admises nous permettent d'écrire

$$\mathrm{K}\,\frac{\displaystyle\int z\,\frac{\rho(s, \varpi, \mathrm{T})}{1+s}\,dv}{\displaystyle\int \frac{\rho(s, \varpi, \mathrm{T})}{1+s}\,dv} = \mathrm{K}\,\frac{\displaystyle\int z\,dv}{\displaystyle\int dv} = \mathrm{K}\zeta, \tag{39}$$

ζ étant la hauteur, au-dessus du niveau origine HH', du centre de gravité du volume occupé par la dissolution.

Les égalités (38) et (39) donnent

$$\Sigma = \mathrm{S} + \mathrm{K}(\mathrm{Z} - \zeta). \tag{40}$$

Cette égalité (40) nous apprend en premier lieu qu'*au degré d'approximation employé ici, le niveau où le liquide a la contraction moyenne Σ est le niveau du centre de gravité du volume que la dissolution occupe dans l'osmomètre.*

Nous avons vu (Chap. V, § IV) que l'on pouvait calculer approximativement la valeur de $\mathrm{K} = -\frac{ds}{dz}$. Cette valeur est, en général, fort petite; mais, ici, elle est multipliée par la différence $\mathrm{Z} - \zeta$ qui est, en général, très grande; aussi la différence $(\Sigma - \mathrm{S})$ n'est-elle pas négligeable.

Cherchons la relation qui existe entre $(\mathrm{Z} - \mathrm{Z}')$ et la concentration moyenne Σ.

Nous avons [Chap. III, égalité (16)],

$$\frac{\partial F_1(s, \varpi, T)}{\partial s} + s\,\frac{\partial F_2(s, \varpi, T)}{\partial s} = 0.$$

Nous avons aussi [Chap. V, égalité (42)]

$$\frac{\partial F_2(s, \varpi, T)}{\partial s}\,ds = -(1+s)\,\frac{\partial \sigma(s, \varpi, T)}{\partial s}\,d\Pi.$$

Nous avons enfin

$$d\Pi = -\frac{1}{\sigma(s, \varpi, T)}\,g\,dz.$$

Ces trois égalités donnent

$$(41) \qquad \frac{\partial F_1(s, \varpi, T)}{\partial s}\,ds = -gs(1+s)\,\frac{\dfrac{\partial \sigma(s, \varpi, T)}{\partial s}}{\sigma(s, \varpi, T)}\,dz.$$

Or l'égalité (34) peut s'écrire

$$g(Z - Z') = -\int_{\Sigma}^{S} \frac{\partial F_1(s, \Pi, T)}{\partial s}\,ds + \Psi'_1(\Pi', T) - F_1(\Sigma, \Pi, T)$$

ou bien, en vertu de l'égalité (41),

$$g(Z - Z') = g\int_{\zeta}^{Z} s(1+s)\,\frac{\partial}{\partial s}\log\sigma(s, \varpi, T)\,dz + \Psi'_1(\Pi', T) - F_1(\Sigma, \Pi, T).$$

La quantité $s(1+s)\,\frac{\partial}{\partial s}\log\sigma(s, \varpi, T)$ a un signe constant; il existe donc une valeur Σ' de s, comprise entre Σ et S, telle que l'on ait

$$\int_{\zeta}^{Z} s(1+s)\,\frac{\partial}{\partial s}\log\sigma(s, \varpi, T)\,dz = (Z - \zeta)\Sigma'(1+\Sigma')\,\frac{\partial}{\partial \Sigma'}\log\sigma(\Sigma', \varpi, T).$$

La compressibilité du liquide étant négligée, nous pouvons, dans l'expression de $\sigma(\Sigma', \varpi, T)$, laisser de côté la variable ϖ; alors l'ensemble des deux égalités précédentes donnera

$$g\left[(Z - Z') + (Z - \zeta)\Sigma'(1+\Sigma')\,\frac{\partial}{\partial \Sigma'}\log\sigma(\Sigma', T)\right]$$
$$= \Psi'_1(\Pi', T) - F_1(\Sigma, \Pi, T).$$

Le terme

$$g(Z-\zeta)\Sigma'(1+\Sigma')\frac{\partial}{\partial\Sigma'}\log\sigma(\Sigma', T)$$

peut être, sans erreur sensible, remplacé par

$$g(Z-\zeta)\Sigma(1+\Sigma)\frac{\partial}{\partial\Sigma}\log\sigma(\Sigma, T)$$

et nous trouvons alors la relation suivante entre la hauteur Z que la dissolution atteint dans l'osmomètre et la concentration moyenne Σ de la dissolution.

$$(42)\qquad \begin{cases} g\left[Z-Z')+(Z-\zeta)\Sigma(1+\Sigma)\dfrac{\partial}{\partial\Sigma}\log\sigma(\Sigma, T)\right] \\ \quad = \Psi'_1(\Pi', T) - F_1(\Sigma, \Pi, T). \end{cases}$$

La hauteur à laquelle monte, dans un osmomètre, une dissolution de concentration MOYENNE *donnée ne dépend pas seulement de cette concentration et des pressions exercées sur le liquide dans l'osmomètre et dans la cuve; elle dépend encore, par la variable ζ, de la forme de l'osmomètre et de la profondeur à laquelle il est immergé.*

On parviendrait immédiatement à la relation (42), si l'on cherchait la condition d'équilibre entre le liquide de la cuve et le liquide de l'osmomètre, en négligeant la compressibilité de ces liquides et en supposant que la dissolution contenue dans l'osmomètre est homogène.

Dans ce cas, en effet, on voit sans peine que le système admet, pour potentiel thermodynamique total, la quantité

$$\Phi = M'_1[\Psi'_1(\Pi', T) + g\zeta'] + \mathfrak{H}(M_1, M_2, \Pi, T) + (M_1+M_2)g\zeta,$$

ζ' étant la hauteur au-dessus du plan $\Pi\Pi'$ du centre de gravité du volume que l'eau occupe dans la cuve.

Si une masse d'eau δM_1 passe de la cuve dans l'osmomètre, Φ éprouve une variation $\delta\Phi$; si l'on remarque que

$$F_1(\Sigma, \Pi, T) = \frac{\partial}{\partial M_1}\mathfrak{H}(M_1, M_2, \Pi, T).$$

on trouve sans peine

(43) $\delta\Phi = [F_1(\Sigma, \Pi, T) - \Psi'_1(\Pi', T) - g(Z' - \zeta)]\,\delta M_1 + (M_1 + M_2)\,g\,\delta\zeta.$

Mais l'égalité

$$v\zeta = \int z\,dv$$

nous donne

(44) $$v\,\delta\zeta = (Z - \zeta)\,\delta v.$$

D'autre part,

$$v = (M_1 + M_2)\,\sigma(\Sigma, T),$$

en sorte que

(45) $$\begin{cases} \delta v = \left[\sigma(\Sigma, T) + (M_1 + M_2)\dfrac{\partial\,\sigma(\Sigma, T)}{\partial\Sigma}\dfrac{\partial\Sigma}{\partial M_1}\right]\delta M_1 \\ \quad = \left[\sigma(\Sigma, T) - \Sigma(1 + \Sigma)\dfrac{\partial\sigma(\Sigma, T)}{\partial\Sigma}\right]\delta M_1. \end{cases}$$

Les égalités (44) et (45) donnent

$$(M_1 + M_2)\,\delta\zeta = (Z - \zeta)\left[1 - \Sigma(1 + \Sigma)\frac{\partial}{\partial\Sigma}\log\sigma(\Sigma, T)\right]\delta M_1.$$

Moyennant cette égalité, l'égalité (43) devient

(46) $$\begin{cases} \delta\Phi = \Big[F_1(\Sigma, \Pi, T) - \Psi'_1(\Pi', T) + g(Z - Z') \\ \qquad\qquad + g(Z - \zeta)\Sigma(1 + \Sigma)\dfrac{\partial\log\sigma(\Sigma, T)}{\partial\Sigma}\Big]\delta M_1. \end{cases}$$

On obtiendra la condition d'équilibre en égalant cette quantité à zéro, ce qui redonnera, comme nous l'avions annoncé, l'égalité (42).

ERRATA.

Page 52, égalité (4); ajouter au second membre le terme

$$+\mathbf{S}\left\{\left[V\frac{\partial\rho}{\partial x} + \frac{\partial(\rho\zeta)}{\partial x}\right]\delta x + \left[V\frac{\partial\rho}{\partial y} + \frac{\partial(\rho\zeta)}{\partial y}\right]\delta y + \left[V\frac{\partial\rho}{\partial z} + \frac{\partial(\rho\zeta)}{\partial z}\right]\delta z\right\}$$
$$\times [\cos(n_i, x)\,\delta x + \cos(n_i, y)\,\delta y + \cos(n_i, z)\,\delta z]\,dS.$$

Page 52, égalité (5); retrancher le même terme au second membre.